AF464702

CONSTRUCTIONS EN FER

NOUVEAU COURS

PRATIQUE ET ÉCONOMIQUE

SUR LES

CONSTRUCTIONS EN FER

16211

DIVISION DU COURS

PREMIÈRE PARTIE.

N° 1. Jardins d'hiver, serres, fers spéciaux avec prix au kilogramme et au mètre carré. — N° 2. Marquise de chemin de fer, avec prix idem. — N° 3. Marquise formant auvent à un kiosque, avec prix idem. — N° 4. Marquise supportant une vitrine, avec prix idem. — N° 5. Kiosque à lambrequins, genre mauresque, avec prix idem. — Kiosque à la grecque, avec prix idem. — N° 7. Kiosque, genre chinois, avec prix idem. — N° 8. Colonies, maisons en fer, atelier et maisons d'habitation, avec prix au kilogramme et au mètre cube.— N° 9. Usine en fer construite à Saint-Denis (Seine), près Paris, avec prix idem. — N° 10. Cellules en fer, avec prix idem.

DEUXIÈME PARTIE.

N° 11. Poitrails et planchers. — Calculs des résistances, flexions, tractions, compressions, etc. — Formules pratiques, moyens d'obtenir le centre de gravité des formes régulières et irrégulières, des valeurs de I ou moment d'inertie, prix au kilogramme et au mètre carré. — N° 2. Pont américain, treillage pour chemin de fer, avec prix idem, différentes valeurs de E et de R dans la construction. — N° 3. Charpentes de toutes formes avec et sans entraits, avec prix au kilogramme et au mètre superficiel. — N° 4. Projet de halle, avec prix idem. — N° 5. Ponts tubulaires en tôle à nervures, avec prix idem. — N° 6. Projet d'un pont à tablier mobile, avec prix idem.

Nota. — Les formules sont représentées comme exemples et avec opérations à toutes les figures, plus la désignation des tracés de toutes les figures basées aux systèmes.

CONSTRUCTIONS EN FER

NOUVEAU COURS

PRATIQUE ET ÉCONOMIQUE

SUR LES

CONSTRUCTIONS

EN FER

EN GÉNÉRAL

D'UN NOUVEAU SYSTÈME OU NOUVEAU TRAITÉ

CONTENANT DE NOUVELLES APPLICATIONS SUR CET ART RELATIVES A LA CONSTRUCTION DES TRAVAUX PUBLICS CHEMINS DE FER ET PARTICULIERS, AVEC ATLAS ET TEXTE, DEVIS DESCRIPTIF ET EXPLICATIF, PRIX AU KILOGRAMME, A LA PIÈCE AU MÈTRE CARRÉ ET AU MÈTRE COURANT, SUIVI DE NOUVELLES FORMULES PRATIQUES POUR LA RÉSISTANCE

OUVRAGE APPROUVÉ DE PLUSIEURS MEMBRES DE DIVERSES SOCIÉTÉS SAVANTES ET A LA DEMANDE DE PLUSIEURS ARCHITECTES DISTINGUÉS

INDISPENSABLE

aux Ingénieurs, Architectes, Conducteurs, Agents-Voyers, Entrepreneurs, Constructeurs, Chefs d'ateliers, Contre-Maîtres, Propriétaires, Administrateurs, Élèves des Écoles, Ouvriers

PAR A.-L.-A. MONGÉ

CONSTRUCTEUR

PRIX

PARIS : 12 FR. 50 C. — DÉPARTEMENTS : 15 FR. — ÉTRANGER : 18 FR. (Franco.)

SAINT-DENIS

PRÈS PARIS

CHEZ L'AUTEUR, Rue Compoise, n° 66

1861

Tout exemplaire non revêtu de la signature de l'auteur sera réputé contrefait.

SAINT-DENIS. — TYPOGRAPHIE DE A. MOULIN.

AVERTISSEMENT

Mettre à la portée de tous, sous une forme essentiellement économique et pratique, les documents utiles que l'on recherche chaque jour dans les Constructions en fer, tant sous le point de vue de l'ordre et de l'amélioration des formes, que sous celui de les dégager des hautes théories, en les représentant par de nombreux exemples avec des cotes multipliées, des détails de constructions et d'assemblages, des textes explicatifs, des prix de revient nombreux, des tableaux synoptiques, des formules de résistance à la flexion, à la traction, à la compression, etc., avec exemples en chiffres en accompagnement des formules, pouvant mettre ainsi une personne étrangère à la construction à même de calculer une forme quelconque, des différentes valeurs des coefficients ou module d'élasticité E et de R; des différentes valeurs de I, ou moment d'inertie, employés dans la construction, de rendre, en un mot, le plus de services possibles sous une forme commode et à peu de frais.

Pour répondre à ce besoin réel et pour rendre des services aussi nombreux qu'utiles, un ouvrage nouveau était donc nécessaire. J'ai tenté de l'entreprendre, en me conformant toujours scrupuleusement aux lois et données que nos grands observateurs ont déjà dictées, et que j'ai, par conséquent, prises pour base.

J'ai divisé le traité en deux parties. La première comprend la serrurerie artistique et la petite construction, qui est renvoyée pour les détails à la seconde partie, qui comprend la grosse ferronnerie. Chaque leçon est précédée d'un sommaire, sur lequel le texte est fidèlement calqué; enfin, j'ai terminé par des planches contenant les dessins de constructions les plus usitées, mais en formes nouvelles, afin de développer les principales questions d'art et de goût dont la discussion pourra éclairer dans le choix des dessins et des modèles.

Les soins que j'ai apportés à la rédaction de cet important ouvrage, en m'efforçant de le rendre aussi clair que précis, me font espérer qu'il sera utilement employé, et qu'il sera accueilli avec intérêt.

PREMIÈRE PARTIE

N° 1. — JARDINS D'HIVER, SERRES, FERS SPÉCIAUX.

Je commencerai par ces genres de Constructions assez faciles pour que l'on puisse se familiariser promptement avec les moyens que j'ai disposés en suivant. Ainsi, en m'adressant d'abord aux constructeurs qui peuvent apprécier que les formes de jardins d'hiver et de serres ne sont pas d'une grande particularité, mais on remarque aussitôt les profils des fers spéciaux que j'ai désignés pour ces genres de constructions.

Ces fers ont la propriété, par leurs nervures en forme de croix, d'être plus légers et plus résistants [1] et facilite un tiers de main-d'œuvre pour les deux cas :

1° Fers à croix, profil n°s 1 et 2, pour Jardins d'hiver ou Serres chaudes, servant d'arbalétrier et de chevrons à vitrage à la fois, puis pour la partie inférieure de largeur à la hauteur d'un fer à T, disposé à recevoir des équerres d'ajustements rivés ou boulonnés, Fig. 4, facilite l'intermédiaire des traverses ou des cours de pannes ; pour de plus grandes portées, ils peuvent également s'accoupler à un fer T, assemblé et rivé par une paire de platine en tôle découpée Fig. 3.

2° Fers à gouttière, profil Fig. 5, pour serres tempérées à châssis ouvrant et pouvant se déplacer à volonté au besoin. La Fig. 6 représente le développement du châssis B sur la traverse K, par rapport au châssis supérieur M, mais le châssis M laisse un jour à une des extrémités qui n'existerait bien certainement pas si les fers étaient superposés comme à l'ordinaire, ce qui est trop dispendieux ; il sera donc préférable dans ce cas d'ajouter à chaque châssis, en sachant que l'on ne peut changer les fers T, deux lames de tôles ou bandelettes étirées, ajustées et rivées sur les deux extrémités verticales des châssis, de manière à ce qu'ils puissent atteindre le fond des feuillures.

Les profils n°s 7, 8, 9 et 10 représentent les différents fers employés pour les petits bois ou châssis de clôture. Ces constructions n'ayant pas d'autre base à part de ces fers que le principe ordinaire, je me bornerai à dire qu'elles n'ont pour but que de préserver les plantes de l'humidité et du froid et pour se créer une verdure en hiver.

Mais il y a une remarque à observer dans les dispositions du placement des serres, c'est-à-dire qu'il faut qu'elles soient placées, autant que possible, façade au midi ou encore sud-ouest ou sud-est, mais jamais au nord, voir Fig. 10 et 12. Quant aux jardins d'hiver, Fig. 13, il n'est pas toujours facile d'en suivre les mêmes cas, puisque la plupart sont placés au milieu des jardins.

[1] Pour le calcul du moment PL ou $\frac{1}{8}$ PL² convenable pour la stabilité ainsi que pour les valeurs de I, on consultera la 2e partie.

Prix au kilogramme et par mètre superficiel.

Les Jardins d'hiver, Serres, etc., pris dans un sens de simplification et de facilités sans ornementation, se payent à raison de 1 fr. à 1 fr. 30 c. le kilogramme, pose comprise. Pour Paris et ses environs au-delà, il y a transport en sus.

Observation. — Plusieurs constructeurs dans ces genres de constructions font ordinairement les serres de 18 à 20 fr. le mètre superficiel développé, et depuis 25 fr., tout compris, l'entière mise en place avec couche de peinture au minium et vitrerie demi-double; la maçonnerie seule est aux frais du propriétaire. Avec ces genres de constructions, ils auront donc plus d'économie.

Nota. — Les prix que je porterai à la fin de chaque article n'étant simplement que pour faciliter l'appréciation, ne sauraient servir de base chaque année, attendu que les fers sont susceptibles d'augmentation ou de diminution, sur lequel on sera obligé de se renseigner, car quoique cette différence que j'exprime ne soit que sensible, elle ne saura différer de beaucoup dans les années qui suivront à ceux que je porterai dans cet ouvrage, car beaucoup de constructeurs ont pris pour base certains prix qui sont à peu près fixes. C'est sur ces prix que je me fixerai autant que possible.

N° 2. — MARQUISE DE CHEMIN DE FER

(Fig. 1, Planche 2).

Cette Marquise est formée ainsi qu'il suit :	Poids total.	Prix au kilog.	Prix total.
Onze travées de 4 mètres composées de dix colonnes creuses reposant par le bas sur le sol ou socle en pierre évidée au milieu pour le passage des eaux (voir coupe), et à console garnie d'un noyau disposé à recevoir les arêtiers et les sablières ; ces colonnes sont à base et chapiteau ordinaire, ayant pour dimension 3 mètres 50 centimètres de hauteur chacune, d'un diamètre extérieur de 0,100 millim. et du diamètre intérieur de 0,085 millim., d'une épaisseur moyenne de 0,010 millim., pesant ensemble	1,280 k. »	» fr. 38 c.	486 fr. »
Quinze arêtiers en fer double T de 100/43/5 millim., fers de la Providence (Nord), pesant 6 kilog. le mètre, dimension de 4 mètres 30 centimètres de longueur chacune. Deux croupes de 5 mètres 30 centimètres. . . . . Quatre petits arêtiers de 2 mètres 50 centimètres. . . . . Onze poutres de 3 mètres 90 centimètres. . . . . Le tout en même fer.	757 k. »	» fr. 70 c.	530 fr. »
Façade, six cours de pannes en fer T simple, de 36/40 millim., pesant 3 kilog. le mètre. . . . . Deux côtés de 5 mètres chacun. . . . . Supplément pour équerres doubles, rivets et boulons fixés sur les arêtiers servant d'assemblages.	891 k. »	» fr. 70 c.	624 fr. »
Couverture en tôle cannelée galvanisée, épaisseur moyenne de 0,001 millim., pesant 8 kilog. le mètre superficiel, 154 mètres.	1,232 k. »	1 fr. »	1,232 fr. »
44 mètres linéaires de lambrequin en tôle, uni, galvanisé et découpé suivant le profil et surmonté d'une baguette à filet et à congé rapporté.	220 k. »	2 fr. »	440 fr. »
Dix rosastres estampés en zinc.	» »	» »	8 fr. »
TOTAUX.	4,390 k. »	» »	3,320 fr. »

Nota. — A ces prix est compris une couche de peinture au minium sur tous les fers et fonte.

N° 3. — MARQUISE FORMANT AUVENT AU KIOSQUE.

(Fig. 2, Planche 2.)

Cette Marquise ainsi formée, formant auvent au kiosque dont je parlerai plus loin, est disposée de manière à ce que les eaux du chéneau et autres ne viennent à s'égoutter au pourtour des entrées, et est formée dans le sens ordinaire des marquises, c'est-à-dire, formée de cornières dessous les rives de l'entablement contournant les filets de la frise et des chapiteaux, puis de consoles arquées et à volutes, soutiennent les arêtiers adaptés sur les colonnes et les chambranles des portes d'entrées, puis enfin le chéneau de la marquise dont les eaux vont s'écouler dans les angles, d'où elles retombent verticalement sur le sol. Cette marquise n'a pas moins de 52 mètres de développé et revient à dire pour sa construction.

		Poids total.	Prix au kilog.	Prix total.
9 mètres 60 centimètres de façade × 4 = 38 mètres 40 centimètres de cornière de 30/30 millim. × 1 k. 7 le mètre.	65k.5			
Douze arêtiers à consoles formées de fer à T simple de 25/30 millim. et de consoles même fer, pesant 1 kilog. 6 le mètre, montants *idem.* et à volute en fer plat, de 30/4 millim. pour le remplissage raccordé avec des platines en tôle évidées et rivées d'ensemble. Poids d'ensemble.	111 6	1,221k.7	1fr.50	1,832fr.55
Un cours de panne de 44 mètres, fer T, *idem.*, de 25/30 millim., pesant 1 kil. 6.	70 »			
Cent vingt-huit chevrons à vitrage en fer T simple, de 25/30 millim., *idem.*, longueur moyenne 1 mètre 70 centimètres. .	350 6			
D'un chéneau formé d'un fer conique Zorès (profil n° 3, deuxième partie), pesant 8 kilog. le mètre, 52 mètres × 8 kil.	416 »			
D'une frise courante en fonte fixée avec vis sur une des nervures du fer Zorès, 52 mètres × 4 kil.	208 »			

Cette marquise, malgré la régularité du plan qui la compose, ne peut se faire à moins de 1 fr. 50 c. le kilogramme, en raison de la difficulté de la pose; elle n'est fixée que par des vis à métaux percées et taraudées sur place;

Ou bien à 35 fr. le mètre courant.

N° 4. — MARQUISE SUPPORTANT UNE VITRINE.

(Fig. 3, Planche 2.)

	POIDS.	PRIX.
Cette Marquise est formée comme il suit, savoir :		
Quatre colonnes en fonte creuse de 4 mètres de longeur à bases et chapiteaux corinthien, reposant par le bas sur une assise en pierre dont les deux extrémités sont évidées au milieu pour le passage des eaux, et par le haut garni d'un noyau évidé, également pour recevoir les poutres du plancher et les poutres transversales et d'un talon à partir du haut pour recevoir l'assise des consoles. Ces colonnes ont pour diamètre extérieur 0,100, pour diamètre intérieur 0,080, épaisseur moyenne de 0,010 et du poids de 323 kilog. × 4.	1,292 k. »	» fr. »
Quatre poutres de planchers en fer double T de 100/43/5 millim., pesant		

	POIDS.	PRIX.
6 kilog. 2 le mètre, dimension 4 m. 70 chacune, reposant d'un bout de 0,20 cent. dans le mur et à 3 mètres d'écartement dudit reposant sur la colonne dans le sens de l'axe, et encastrées et fixées avec boulons dans le noyau ; l'autre partie de 1 m. 50 est fixée d'un bout et maintenue par les consoles de l'autre ; ce qui égale 4 m. 70 × 4 × 6 k. 2, égal.	112 k. 8 h.	» fr. »
Trois poutres transversales de 3 mètres de longueur chacune, en même fer, reposant sur les colonnes dans le sens de l'axe et encastrées et fixées avec boulons, *idem.* ; ce qui égale 3 m. × 3 m. × 6 k. 2, égal.	55 k. 8 h.	» fr. »
Cinq autres poutres de rives, dont trois de 3 mètres, le tout en même fer, reposant aux extrémités des poutres du plancher au moyen d'équerres simples rivées sur les poutres du dit plancher et boulonnée sur les autres, et deux transversales de 4 m. 70, fixées sur les dites poutres au moyen de fortes entretoises distancées et rivées ; ce qui égale 3 m. × 3 m. + 4 m. 70 × 2 × 6 k. 2, égal.	114 k. » h.	» fr. »
Pour maintenir les dites poutres dans leur milieu, j'ai disposé de dix consoles arquées, dont trois à demi et formées de fers à T simple de 36/40 millim., pesant 3 kil. 15 le mètre, et posées d'une part sur les talons des colonnes et dessous les poutres au moyen de vis taraudées et boulons. L'intervalle de ces consoles est garni d'un remplissage ornementé suivant le profil de la figure et en bandelettes de 30/30 mil., pesant 2 kil. 3 le mètre ; ce qui égale dix consoles, dont sept doubles et trois simples. =	306 k. » h.	» fr. »
Cette figure ainsi construite dans un plan rectangulaire, est divisée en trois parties disposées à recevoir un plancher composé de six solives dans chacune des parties ; lesdites sont en même fer, de chacune 3 mètres de longueur, fixées au moyen d'équerres doubles fixées et rivées aux extrémités de chaque solive et fixées, *idem.*, sur les poutres ; ce qui égale 6 k. × 3 m. × 3 m. × 54 m. × 6 k. 2 =	334 k. 8 h.	» fr. »
Pour maintenir le ourdissage en plâtre ou platras, quarante-deux entretoises à agrafes, pesant 1 kilog. 2 l'une.	50 k. 4 h.	» fr. »
Disposant ainsi le plancher à recevoir sur sa surface les lambourdes et le parquet, dont une partie couverte en zinc n° 14, avec pente d'écoulement vers les deux colonnes d'extrémités.		

VITRINE.

Construite au moyen de quatre bâtis d'angle ou montants, lesdits en fer carré de 0,030 millim., pesant 7 kilog. 9 le mètre, dont deux reposants par le bas sur le parquet et sur le centre des colonnes fixées au moyen de platines fixées avec vis sur les lambourdes, les deux autres reposant également comme les précédentes, mais maintenues dans leur hauteur par des arrachements en fer rivés de distance en distance et scellés dans le mur ; ces quatre montants ont pour hauteur 4 m. 30 × 4 × 7 kilog. 9, égal.	134 k. » h.	» fr. »
Deux autres montants sur la façade comme intermédiaire, en même fer et de même longueur, 4 m. 30 × 2 × 7 kilog. 9, égal.	67 k. » h.	» fr. »
Trois cours de traverses, haut et bas et à hauteur d'appui, en même fer, ajustés à tenons ronds goupillés, formant l'ensemble de la carcasse ou bâtis ; ce qui égale 14 m. 80 pour le développé × 3 × 7 kilog. 9, égal.	340 k. 7 h.	» fr. »

Cinq châssis, détail d'un

ledit ayant pour dimension, à partir de l'appui, 2 m. 80 sur 2 m. 96, composé de deux traverses de rives en cornière, 28/28 millim., pesant 1 kilog. 5 le mètre.

Deux traverses, *idem.*, intermédiaires en fer T, de 27/25 millim., pesant 1 kilog. 5 le mètre.

	POIDS.	PRIX.
Deux montants de rives, *idem.*, en fer cornière, 28/28 millim., pesant 1 kilog. 5 le mètre.		

Quatre montants intermédiaires, *idem.*, en fer T, *idem.*, 27/25 millim., pesant 1 kilog. 5 le mètre.

Assemblés d'équerres dans les angles et à tenons dans l'intervalle, ensemble rivés et fixés avec vis taraudées sur les montants et traverses; ce qui égale 51 kilog.

Ornements du haut, quatre arceaux en fer plat, 25/3 millim., entrelacés ensemble et fixés avec rivets sur les faces extérieures des montants et traverses du châssis, c'est-à-dire opposé du mastic (Plusieurs constructeurs les font en tôle mince et les fixent dans les feuillures, ou bien emploient le même fer et les font affleurer les montants, de manière à ce que le verre porte contre et fixé au moyen de platines découpées et fixées avec vis taraudées ou rivées; l'un et l'autre cas sont analogues, du moment qu'ils remplissent le but dans les conditions d'économie, dans la main-d'œuvre et dans les matières premières).

Ornements du bas en forme de C à volute et en même fer, également fixés sur la façade extérieure, plus les formes en O, avec tirbouchons, sont en fonte fixées avec vis, *idem.*

Les cinq autres en tout semblable; ce qui égale 51 k. + 8 k. × 5, égal. — 295 k. » h. — » fr. »

La hauteur d'appui est formée de croisillons en fer T, de 25/30 millim., *idem.*, et à pattes fixées avec vis entre les montants et traverses et recevant extérieurement des panneaux de remplissage en tôle fixés au moyen de rivets sur les croisillons et à prisonniers rivés sur les montants et traverses, *idem.*

Plus, d'une petite porte de service au milieu de la façade, prise dans l'intervalle des croisillons et formée d'un encadrement en petites cornières et tôle, semblable et est ferrée de deux paumelles fixées avec rivets et d'une targette à platine et gâches, *idem*, fixées de même, ce qui égale :

Dix croisillons et dix montants, 28 mètres × 1 kilog. 6. . . . .
15 mètres de tôle pour les panneaux × 8 kilog. . . . . } 164 k. » h. — » fr. »

Couverture formée d'un chéneau composé de quatre cornières de 28/28 millim., pesant 1 kilog. 5, rivées sur trois bandes de tôle de 0,30 sur 0,001, fixées sur les deux hauteurs en dedans des cornières pour former filet et en-dessous pour le fond pour l'assise sur les traverses; la partie supérieure est maintenue par des bandes de tôle découpées rivées de distance en distance. Le fond étant carré, d'une profondeur de 0,30, peut recevoir une gouttière en zinc à bordure reposant sur les rives des cornières, avec pente nécessaire pour que les eaux puissent retomber dans les deux tuyaux de descente en zinc, de 0,040 de diamètre, placés le long du mur et dans les angles de la marquise.

Ce chéneau ainsi disposé est fixé avec vis sur un de ses angles sur la traverse en fer carré, de manière à mettre cette partie carrée en saillie et affleurer intérieurement les montants et traverses. Puis pour maintenir cette partie carrée en saillie, j'ai disposé de petits supports à consoles et à volutes en fer plat, bandelettes de 25/3 fixées avec vis sur chaque montant et sur la cornière de rive extérieure du chéneau.

Cette partie ainsi terminée, on a disposé les quatre arêtiers de la façade dont deux d'angles, lesdits en fer T de 0,30/35 millim., pesant ensemble 2 kilog. 2 le mètre, lesdits sont fixés avec vis aux extrémités supérieures sur une traverse de faîte scellée dans le mur et réunissant deux arêtiers également le long de ce mur, fixés avec vis, *idem.*, les extrémités inférieures sont fixées avec vis, *idem.*, sur les rives supérieures du chéneau, puis viennent s'assembler vingt-deux chevrons en

		POIDS.	PRIX.
fer T, *idem.*, à pattes rampantes fixées avec vis, *idem.*, de chaque bout sur les arêtiers d'une part et sur la traverse du faîte de l'autre, puis enfin sur les rives du chéneau ; ce qui égale 15 mètres 20 cent. × 4		91 k. 2 h.	» fr. »
Trois bandes de tôle de 0,30 × 3 × 0,001 × 15 m. 20.	109 »	336 k. 6 h.	» fr. »
Onze plaques de tôle découpées.	7 7		
Vingt-trois consoles bandelettes	6 6		
Cinq arêtiers fer T 30/35.	38 5		
Une traverse de faîte	6 6		
Vingt-deux chevrons.	77 »		
Et d'une frise courante en bandelettes, 25/6 millim., forgées et rivées d'ensemble et fixées avec vis sur la cornière supérieure en saillie	30 »		

Et de vingt-six rosastres estampées et soudées sur la tôle entre les deux filets et à l'alignement des montants formant ainsi le complément de cette vitrine.

Revenons à la première partie de la marquise. — Planchers. — Comme les solives sont placées dans le sens longitudinal, j'ai, pour compléter l'ornementation à la hauteur d'appui, disposé d'un parcours de garde corps formé de montants à pattes fixées avec vis sur les solives et de traverses à tenons épaulés et rivés; l'ensemble en fer carré de 0,020, pesant 3 kilog. 1 le mètre, plus d'un remplissage en bandelettes de 20/6 millim., formées dans le sens du profil et fixées avec vis; les ajustements sont pris moitié par moitié et maintenus par de petites rosastres en cuivre goupillées et rivées;

		POIDS.	PRIX.
Ce qui égale vingt montants en fer carré de 0,20 millim., de 1 m. 30 de longueur, × 20 × 3 kilog. 1, égal.	80 k. 6	231 k. » h.	» fr. »
Deux cours de traverses de 15 m. 20 chacune, développé × 2 × 3 k. 1. =	94 2		
62 mètres 50 de fer plat, bandelettes, 20/6 millim. égal.	56 2		

Plus, pour garnir la saillie des nervures des poutres de rives, une frise en tôle fixée avec agrafures, ladite de 0,30 sur 0,001, et de 15 m. 20 de longueur, développée et garnie sur les rives de bandes de fer plat, de 30/5 millim., rivées sur ladite pour former filet, et de petites rosastres estampées et soudées à l'alignement des montants à vitrage ;

		POIDS.	PRIX.
Ce qui égal 15 m. 20, × 0,30 = 4 m. 56 × 8 k. =.	35 k. 5	71 k. 9 h.	» fr. »
Deux bandes de rives en fer Méplat de 0,003/0,060 mill. de 15 m. 20, × 2 × 1 kilog. 2.	36 4		
Poids total et prix moyen du tarif, 1 fr. 30 le kilog.		3,967 k. » h.	5,157 fr. 10

N° 5. — KIOSQUE A LAMBREQUIN, GENRE MAURESQUE

(Fig. 4, Planche 2.)

Composé pour sa construction dans le même genre que la Fig. 3, et est disposé en raison de sa coupole, qui n'est maintenue principalement que par les quatre bâtis ou montants d'angles, les dits en fer carré de 0,060, pris intérieurement relativement à la saillie des quatre faces latérales et reliés à son carré principal par quatre angles droits équilatéraux; le diamètre de la circonférence est de 7 mètres et de 2 mètres d'élévation, ce qui revient à dire :

Quatorze montants d'angles en fer carré de 0,060, dont deux intermédiaires garnies d'une traverse à la hauteur de 4 mètres, ledit en même fer, formant imposte pour le passage d'une porte à deux vanteaux, lesdits montants portent chacun de longeur 6 mètres et reposant sur de légères fondations à l'aide de platines en tôle rivées, formant assise dans la maçonnerie qui n'est formée que d'une rangée de briques de 0,11 cent.

Trois cours de traverses en fer carré de 0,060, haut et bas, et à hauteur d'appui, qui n'est que d'un mètre à partir du sol, lesdits ajustés à tenons ronds et goupillés, formant ainsi les bâtis d'élévation.

Un parcours de châssis à encadrements et traverses, de même que la Fig. 3, c'est-à-dire en cornières, 28/28 millim. et fer T 27/25 millim., fixés avec vis, *idem,* sur les traverses et montants.

Ornementation suivant profil en C pour le bas; pour le haut, composé de feuilles de tôle de 3/4 millim., découpée et fixée en feuillure.

D'une porte de 4 mètres de hauteur, à deux vantaux, montants et traverses en fer carré de 0,030, assemblés à tenons, *idem,* panneaux du bas à croisillon et remplissage en tôle, de chaque côté rivés d'ensemble, panneaux du haut à vitrage, en fer semblable, c'est-à-dire cornière de 28/28 et fer T 27/25.

Fermeture ordinaire, deux verrous haut et bas et d'un bec-de-canne à foliot et à béquille, ensemble fixés avec vis.

Trois croisées à deux vanteaux de 3 mètres de hauteur, composées de traverses et montants en cornières, ferrés dans les feuillures des châssis avec des paumelles à boule fixée avec vis, de même pour la porte précédente.

Fermeture, trois targettes en cuivre fixées avec vis sur une platine en fer coudée d'équerre et fixée avec vis en feuillure et gâches *idem.*

Couverture surmontée d'un dôme à vitrage contruit de la manière suivante :

D'un cercle en cornière de 0,060 de côté, de 7 mètres de diamètre, fixé avec vis sur le centre des montants d'angles et garni dans l'intervalle par un remplissage en tôle de 0,001, unissant ainsi la surface plane, plus d'une autre partie de tôle en saillie coudée à la hauteur de 0,35, pour former le lambrequin ainsi maintenu d'ensemble par des entretoises en fer T de 46/50 millim., posées de plat et rivées sur les tôles d'abord et se fixant avec vis sur les traverses et sur le cercle en cornières de distance en distance. Pour maintenir réciproquement lesdites entretoises en fer T 46/50, on a réuni à chacun des bouts en saillie un coude d'équerre à la hauteur du lambrequin en saillie sur lequel il se trouve fixé et rivé.

Ce lambrequin est formé de tôle de 0,001, découpée et filets rapportés, c'est-à-dire en fer plat rivé sur les tôles.

Trente-six arêtiers cintrés et en fer T de 35 mill. 30 viennent combler le centre et reposant à fourchettes fixés avec vis sur la cornière de rive d'une part et se réunissant au sommet sur un cercle en fer T de 46/50 mill., de l'autre, le dit ayant pour dimensions 1 m. 30 de diamètre, garni de trente-six mortaises goupillées.

L'intervalle des deux tiers des arêtiers est maintenu par deux autres cercles en même fer T 46/50 millim., fixés avec vis, *idem.*

La partie supérieure est garnie de rosastres en tôle en dessus et en dessous rivées d'ensemble avec le croisillon intérieur, qui est formé en fer carré à œil renflé au milieu pour recevoir la tige épaulée supportant le croissant et est fixée avec écrou à œil pour support de corbeille, etc.; la tige s'élevant à la hauteur de 3 m. 50 est en fer rond de 0,030, à sa base et graduellement jusqu'à la pointe et garnie dans son intervalle d'une ornementation orientale, formée de fer carré de 0,020, garnie de tôle rivée et de consoles en fer plat à volute fixée avec vis sur la surface en tôle de la couverture formant ainsi l'ensemble du profil.

Nota. — La partie plane de la couverture est revêtue d'une couche de terre ou platras fin, disposant ainsi les pentes nécessaires à la couverture en zinc n° 14, dont les eaux vont s'écouler dans les tuyaux de descente en zinc, *idem,* de 0,060 de diamètre, placés sur les rives extérieures des montants d'angles supportant le dôme.

Prix. — Ces travaux peuvent s'exécuter dans les prix de 1 fr. 30 le kilogramme, mais plus particulièrement à forfait sur lequel on les préfère. Ainsi, ce kiosque est évalué à l'emploi de 6,474 kil. de fer et tôles × 1 fr. 30 = 8,416 fr. 20 c., non compris la peinture ni le zinc, ce que l'on comprend très-souvent dans les forfaits. Dans ce cas, il y aurait un supplément sur lequel je reviendrais à la planche 5, pour les peintures et vitrages et couvertures. Je ne me borne en ce moment que sur les fers et tôles. La deuxième partie suffira pour donner les renseignements nécessaires sur les peintures, vitrages et couvertures, pour les forfaits.

N° 6. — KIOSQUE A LA GRECQUE.

(Fig. 2, Planche 2.)

Ce kiosque, dont j'ai détaillé la marquise précédemment, diffère dans sa forme, comparativement à l'autre et dont je détaillerai ce qui suit :

Quatre façades latérales composées de quatre colonnes d'angles en fonte creuse pour l'écoulement des eaux de la partie supérieure, dimension de 5 mètres de hauteur chacune, dont un piédestal de 0,60 c. pour le soubassement, la base et le chapiteau de forme composite, le fût est à nervures se suivant du haut en bas pour recevoir les châssis, dont la base et le chapiteau se trouvent évidés, également pour le passage et l'ajustement desdits châssis, et vers le milieu se trouve un talon formant assise aux consoles d'angles.

Ces colonnes sont fondues suivant modèle et ont pour diamètre extérieur 0,120 millim. et pour diamètre intérieur 0,090, épaisseur moyenne de 0,015 et du poids de 365 kilog. × 4.

Quatre soubassements en tôle de 0,001 avec arc et traverses en fer T de 46/50, rivés d'ensemble et fixés avec vis dans la base des piédestaux.

Quatre poutres de rives viennent se fixer ensuite sur lesdites traverses, lesdites sont en fer double T de 0,180/0,020, pesant 22 kilog. le mètre, disposées ainsi à recevoir un plancher en fer double T de 0,120, pesant 14 k. 2 le mètre, dans le sens de la figure ci-contre, disposées à recevoir un passage d'escalier de 1 m. 33 d'ouverture et fixées au moyen d'équerres doubles rivées et boulonnées sur les poutres.

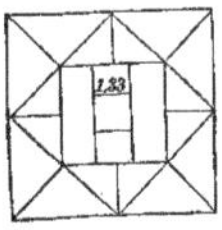

Ce plancher est ourdi en plâtre ou platras, recevant un parquet d'onglet fixé sur les lambourdes en bois, scellées sur le plancher pour le parquet, et le tout compris dans l'épaisseur de 0,180.

Quatre autres poutres, également en fer double T, formant le deuxième plancher, disposé de même que le premier, mais sans parquetage et fixées de même et encastrées dans l'épaisseur des chapiteaux.

Au-dessus du dernier plancher s'élève une terrasse de forme hexagonale, formée d'un plancher de 5 mètres carrés, élevée à la hauteur de la pente du toit, qui est de 0,70, maintenue par quatre supports en fer carré, servant de cloisons ou parois de remplissage en maçonnerie, lesdits supports sont à pattes fixées avec vis sur le plancher et sur les poutres du plancher de la terrasse.

Quatre croupes en fer T 36/40 millim. se réunissent aux angles des poutres du plancher de la terrasse et encastrées sur le palier des chapiteaux.

Vingt-huit chevrons de remplissage en même fer sont fixés d'un bout à pattes fixées avec vis et de l'autre sur vingt-huit supports en fer plat à équerres ou bien en fonte, fixés avec vis et goupilles.

Sur les rives des poutres du deuxième plancher vient reposer le chéneau qui est en tôle galvanisée, épaisseur de 0,001, de forme carrée de 20/20 c., dans lequel il se trouve fixé, d'une part sur des consoles et de l'autre sur les chapiteaux des colonnes, d'où ils prennent écoulement.

La couverture est en tôle cannelée, galvanisée de trois quarts de millimètre, fixée avec agrafures sur les chevrons.

Dans le milieu du plancher de la terrasse est réservé également une ouverture de 1 m. 33 carré pour le passage de l'escalier en forme d'escargot, garni de trente marches en fonte évidées se développant sur un noyau en fer et d'une rampe à col de cygne, à pattes fixées avec vis, et d'une main-courante faisant le parcours continu des deux planchers, c'est-à-dire du pilastre ou marche palière jusqu'à la terrasse, en faisant le circuit de ladite ouverture en deux révolutions.

Sur ce dit plancher s'élève six montants en fer T de 46/50 millim., pour maintenir le petit comble formé d'arêtiers en fer T de 36/40, d'un cours de panne et d'une sablière en même fer assemblées avec équerres simples fixées avec vis; la base des montants est fixée de même, mais sur les rives des poutres.

Couverture en tôle découpée en forme de draperie, fixée avec agrafures sur les fers T, et pouvant recevoir une flèche quelconque à son sommet.

Les montants en fer T sont disposés à feuillures pour recevoir des compartiments vitrés en hiver.

Rez-de-chaussée. — Quatre façades à vitrages, formées chacune de cinq parties, qui sont deux montants intermédiaires en fer T de 46/50 millim., fixés avec équerres et vis taraudées haut et bas sur les rives des poutres recevant les quatre châssis, dont deux d'imposte d'une part et d'une porte à deux vantaux de l'autre, construits chacun avec encadrements en cornières 28/28 mill., montants et traverses intermédiaires en fer T 27/25 mill., formant ainsi les profils à la grecque pour le vitrage d'abord et ensuite en autant de panneaux en tôle de 0,001 fixés avec rivets dans les feuillures formant ainsi l'accord des formes extérieures comme de l'intérieur, les autres semblables.

4 emmarchements en pierre s'élèvent à la hauteur du palier du rez-de-chaussée désigné suivant la figure.

Ferrures. — Les portes à deux vantaux sont ferrées de paumelles à boules à nœud renvoyé et fixées avec vis dans les feuillures des montants, c'est-à-dire dans la partie mastiquée du vitrage ou des tôles, et de fermetures ordinaires avec verrous haut et bas et d'une serrure bec-de-canne à foliot et béquille fixée avec vis taraudées.

Nota. — Les ajustements des petits bois étant d'onglet, sont maintenus à l'extérieur par des petites rosastres en tôle ou en tête de diamant, fixées avec vis.

Plus, dans le milieu des panneaux du bas, est réservée une sorte d'ornementation formée de rosastres en fonte, fixées et rivées sur les tôles.

Prix. — Ce qui revient à dire, comme précédemment, à 1 fr. 30 le kilogramme, ou à forfait, 8,467 kilogrammes de fer, tôle et fonte = 11,000 fr.

N° 7. — KIOSQUE, GENRE CHINOIS.

(Planche 3.)

Ce kiosque est d'une fantaisie particulière que j'ai projetée à la demande d'un Persan, servant :

1° De serres au rez-de-chaussée;

2° De cabinet de lecture au premier ;

3° De terrasse au deuxième.

L'escalier est pris dans un compartiment intérieur suivant le plan, et est disposé pour la construction qui n'est composée que de fer tôle et verres, et sans aucune pièce de fonte.

Les résultats des données précédentes m'ont servi à l'étude des assemblages.

Ce kiosque est évalué à l'emploi de 5627 kilogrammes de fer et tôle, et au prix à forfait de 8550 fr., non compris pose, seulement les pièces étant fixées avec vis et disposées à repair pour le transport.

Nota. — Les planchers au lieu d'être ourdis en maçonnerie sont remplis avec des bois de chêne ou sapin encastrées entre les nervures.

N° 8. — COLONIES. — MAISON EN FER POUR LA COMMISSION FRANÇAISE AU MEXIQUE.

(Planche 4.)

Maison en fer N° 1 Est disposée pour un atelier ayant 1° un rez-dechaussée ; 2° un étage composé pour sa construction par

4 montants d'angles et 4 montants intermédiaires portant chacun 4 mètres de hauteur, lesdits en fer T, de 0,140/70 millièmes, reposant par le bas sur des pilotis tubulaires en tôle de 0,010 mill. d'épaisseur et d'un diamètre de 0,120 affilés d'un bout pour recevoir un pas de vis en tôle et arasé de l'autre recevant une rondelle avec mortaises pour le passage des tenons, lesdits clavetés dans le tube (voir le détail), à cesdits mon-

tants se joignent successivement 4 cours de traverses en fer T de 0,080/40 millièmes assemblés par des équerres doubles rivées sur les montants.

32 montants intermédiaires en fer T semblables, assemblés idem.

136 panneaux en tôle de 0,002 sont fixés dans les encadrements des fers à T et fixés au moyen de rivets distancés de 0,70 cent. au plus.

2 poutrelles de 6 mètres de longueur chacune, lesdites en tôle de 0,005 millimètres, profil double T de 0,25 de hauteur sur 0,12 assemblées avec cornière (voy. 2ᵉ partie).

Lesdites sont fixées à la hauteur de 2ᵐ 50 centimètres sur les montants intermédiaires à l'aide de 4 paires de platines en tôle de 0,005, rivées et boulonnées sur les dits montants.

Un plancher en trois divisions, composées d'ensemble de vingt et une solives en fer double T, de 100/43/5 millimètres, dimension 3ᵐ 50 centimètres chacune, et fixées au moyen d'équerres doubles rivées sur les poutres et boulonnées sur les solives.

Un plancher en madrier de 200/50 millimètres fixé sur les solives à l'affleurement des poutres au moyen de vis à bois.

Un passage d'escalier en échelle de meunier, formé de deux limons en fer plat de 0,080/6 millimètres, avec emmarchements en même fer, épaulés à tenons et rivés.

Une rampe formée de barreaux à pattes fixées avec vis et main courante idem, le tout en fer rond, de 0,018 mill., le dit escalier est fixé avec des équerres boulonnées sur la solive d'enchevêtrure.

Comble composé de 4 fermes à deux pentes chacune, dont deux formées d'un arc complet, reposant par le bas sur les poutres.

Lesdites fermes sont en fer T de 36/40 millim., assemblés avec platines dans la forme de la fig. 10 (2ᵉ partie).

8 cours de pannes et un faîtage en même fer sont assemblées sur les arêtiers au moyen d'équerres simples, disposant ainsi le comble à recevoir la couverture en tôle cannelée galvanisée, fixée avec agrafures comme il a été dit.

Dix ouvertures au rez-de-chaussée, et deux au premier y compris la porte à deux vantaux, lesdites bâtis à encadrements en cornière, assemblés d'équerres dans les angles, à panneau en tôle pour la porte, et en fer à vitrage pour les croisées formées de plusieurs divisions.

La porte est ferrée de paumelles doubles à boules fixées et rivées dans les feuillures des fers, et pour fermeture deux verrous et gâches, et une serrure pène dormant et gâches idem, fixées avec vis taraudées.

Les croisées sont à tourillons dans le bas, fixées à pattes avec vis et a chaînette par le haut, garnie de clavettes pour en régler l'ouverture de chacune.

Sur le comble se trouve six châssis en fer à vitrage fixés dans l'intervalle d'une panne à l'autre et sont fixés par le haut sous la couverture, et en dessus par le bas pour l'écoulement des eaux.

Dans le bas des traverses affleurant le sol, est adossée une couche de terre battue en talus formant ainsi l'ensemble de cet atelier.

Prix. — Cette construction s'élève à l'emploi de 10,064 kilogrammes de fers et tôle, à raison de 1 fr. 30 centimes le kilogramme, ou bien plus facilement ce qui a été prévu dans les derniers prix que j'ai donnés à ce sujet en les portant à cinquante francs du mètre cube pris extérieurement, transport à part.

N° 8. — MAISON EN FER, SUITE.

(N° 2, Planche 4.)

Pour une Maison d'habitation formée ainsi qu'il suit :

4 colonnes en fonte creuses de forme octogonale à bases et chapiteaux idem, se superposant les unes sur les autres. Elles ont pour carré extérieur 0,20, et pour diamètre intérieur 0,17, d'une épaisseur moyenne

0,015, lesdits sont armés extérieurement de nervures sur le fût, la base et le chapiteau, disposées à recevoir les feuilles de tôles de 0,001 à 0,002 millimètres. (Voir le détail.)

Les montants et traverses qui servent de poitrails sont en fer double T de 0,100 à large bourrelet, pour recevoir les équerres d'ajustement des solives. Les cloisons sont également en fer double T.

L'assemblage des tôles se fait par l'encastrement des extrémités desdites dans les nervures, auxquelles on ajoute au fur et à mesure des couches de terre sèches, pilées et maintenues dans leur dilatation par des têtes de diamants ou boulons rivés, dans les cloisons intérieures, également pour éviter toute sonorité possible. (Voir le détail.)

Les portes et fenêtres sont à panneau en tôle pour les portes, et à vitrages pour les croisées, c'est-à-dire formé d'encadrement en cornière avec battement en fer plat ou simplement en fer T.

Ferrures d'ensemble. Les portes et fenêtres sont ferrées de paumelles doubles à boules fixées avec vis dans les feuillures, et sont fixées l'une et l'autre à l'affleurement, côté du développement.

Les balcons sont à l'affleurement des nervures extérieures, laissant un espace de largeur suffisante pour recevoir des stores.

L'escalier se trouve formé de marches en tôle de 0,003 mill. d'épaisseur, superposées les unes sur les autres et assemblées avec boulons à vis (voir le détail), et fixées à leurs extrémités sur les cloisons et trumeaux, et principalement sur un circuit de remplissage, formés de tôle simple fixée d'ensemble aux rivets.

Un remplissage en tôle semblable en forme le limon, sur lequel les empattements des barreaux viennent se fixer à l'aide d'épaulement et de vis à écrou.

Les passages des cheminées sont en tôle semblable, mais de forme ellyptique pour se fixer dans l'intérieur, c'est-à-dire entre les deux feuilles de tôle et évidées dans les traverses en fer double T pour le passage desdites.

Le comble est disposé de même, c'est-à-dire de montants et traverses en même fer double T, remplissage idem, recevant un plancher en fer T simple, avec ferme à quatre croupes en même fer, s'assemblant ensemble, et recevant pour remplissage des feuilles de tôle dans leurs nervures.

La couverture est en tôle galvanisée, le chéneau idem, avec pentes d'écoulement des eaux dans l'intérieur des colonnes.

Ce travail, malgré son excessive main-d'œuvre, est évalué à 45,800 kilogr. de fer, de tôle et de fonte, et au prix semblable, c'est-à-dire 100 francs le mètre cube (transport à part.)

N° 9. — CONSTRUCTION D'UNE USINE EN FER A SAINT-DENIS (SEINE), 8, RUE DE LA CHARRONNERIE.

(Planche 5.)

Formée ainsi qu'il suit, savoir :

Sur la façade, le comble est supporté par trois grandes colonnes en fonte creuse pour l'écoulement des eaux, lesdites fondues sur modèle, de chacune 5 m. 30 c. de hauteur, dont 1° un piédestal reposant sur des assises en pierre pour le soubassement élevé à la hauteur de 1 mètre, le fût est armé de chaque côté d'une nervure recevant les châssis, et au milieu un sabot formant assise aux fermes et palier de repos à la partie supérieure pour le chéneau, pesant 330 k. × 3.

Pour les assises sur le mur, trois sabots en fonte semblables pesant 26 k. 5, × 3.

Le comble est à deux pentes couvertes et surmonté à la partie supérieure d'une lanterne vitrée, s'arrêtant de chaque extrémité sur des pignons, et à chaîneau pour le bas, dont l'un reposant sur le mur mitoyen, l'autre sur la façade vitrée, flèche de 2 m. 30 au niveau desdits et sur un plan rectangulaire irrégulier de 21 m. 60 × 10 m. 60 en œuvre, et composé de trois fermes (voir planche 9, figure 4, deuxième partie), pesant chacune 330 k. × 3.

Ces fermes sont reliées entre elles par quatorze cours de pannes et un faîtage en fer T de 36/40 mill. arquées entre chaque division, ou elles sont assemblées par des équerres montées avec boulons et rivées sur les arbalétriers.

Quatorze cours de tendeurs en fer rond de 0,018 mill., forgées à œil aux extrémités et boulonnées entre chaque division, ces tendeurs sont maintenus dans leurs intervalles par deux bielles en fer carré de 0,018 mill. à chacune d'elles, et reposant à œil par le bas et à fourchette par le haut, assemblées avec rivets, pesant 5 kilog. le mètre courant × 21 m. 60 × 14.

Pour le chéneau, côté mitoyen, est un autre cours de panne en fer simple T de 27/25 mill. assemblés aux fermes par des bielles avec contre-fort par côté et garnis en outre de branches à scellement et à mouffle, et pour le raccord de ce chéneau à la partie irrégulière sont des supports en fer carré et à scellement garnis de branches intermédiaires pesant ensemble 62 kilos.

Seize chevrons en fer plat de 25/7 mill. avec agrafes en même fer servent à entretoiser et à régler les pannes entre elles, pesant ensemble : 112 kilos.

La lanterne est superposée à ce comble, de manière à réserver une ouverture entre les fermes; elle est composée de deux traverses et un faîtage en même fer T de 36/40 mill. + 98 chevrons en fer T de 27/25 mill., de 2 mètres de longueur chacun, lesdits à pattes en T fixées avec vis taraudées sur la panne du faîtage d'une part et de l'autre idem sur les traverses, ainsi assemblé et garni de garde-verre par le bas.

Plus, pour ladite lanterne, trente-neuf supports droits en fer carré de 0,018, mill. à pattes en T de chaque bout et fixées avec vis taraudées.

Sous le chéneau du devant, quatre sablières de chacune 5 m. 30 c. entre les colonnes, lesdites en fer, cornière de 45/45 mill. assemblées aux chapiteaux avec empattements, fixées avec vis taraudées.

Ce comble ainsi disposé en fer à vitrage avec la lanterne au-dessus, parfaitement monté et assemblé pèse 3,624 kilog.

FAÇADE VITRÉE.

Dans le bas des colonnes en fonte pour l'écoulement des eaux, ajuster trois bouts de tuyaux en fer creux de 0,032 mill. de diamètre.

Première partie : Partie gauche de l'intérieur, en deux châssis à vitrage accouplés, d'ensemble 5 m. 30 c. de largeur sur 4 m. de hauteur, agencés avec un châssis ouvrant et une porte, composés ensemble de traverses et montant de rives en fer, cornières de 28/28 mill., traverses et montants intermédiaires en fer T de 27/25, assemblées d'onglet dans les angles et à équerres rivées.

Deux jambages en fer, cornières 28/28 mill. pour le bas de la porte, fixées d'ensemble avec vis taraudées et vis tamponnées dans la brique.

Le châssis ouvrant de 1 m. × 088 traverses et montants en fer T 27/25 mill. assemblés par des équerres rivés, ferrure à pivots et à bourdonnière, montés à vis; une crémaillère à boutonnière et à lacet, avec charnière au collet et arrêt de fermeture, et clavette à tourniquet montée sur un support, le tout fixé et rivé dans les feuillures des montants et traverses.

Une porte en fer de 3 mètres de hauteur sur 0,88 de largeur, composée d'un soubassement formé d'un châssis en fer carré de 0,023 mill., renforcé de congés dans les angles et assemblés à tenons ronds épaulés, mortaisés et goupillés. Un croisillon apparent en fer idem, assemblé au milieu et dans les angles, un panneau extérieur en tôle de 0,001 m. plané et dressé au burin et à la lime sur les rives, et assemblés au pourtour et à la surface par quantité de prisonniers ronds rivés et affleurés.

Un panneau à vitrage superposé et assemblé à ce soubassement au moyen de vis taraudées est formé d'un châssis en fer, cornière de 28/28 mill. et d'un croisillon en fer T de 27/25 mill. Cette porte, ainsi composée et bien assemblée, avec affleurements sur tous les sens, est ferrée de trois paumelles doubles renforcées, montées en feuillure avec vis taraudées, rivées et affleurées, pour le pivot une crapaudine en fer forgé, ajustée, encastrée et scellée dans le seuil.

Fermeture d'une serrure pène dormant demi-tour à foliot bonne qualité, de 0,16 c., montée sur le châssis, et gâche idem assemblée et fixée avec vis taraudées (deuxième et troisième partie), également en deux châssis fixés à chaque, accouplés d'ensemble, 5 m. 30 de largeur sur 4 m. de hauteur idem, agencés avec deux châssis ouvrant comme le précédent, et composée également de traverses et montants de rives en cornière de 28/28 mill., et traverses et montants intermédiaires en fer T 27/25 mill. et fixées avec vis taraudées et vis tamponnées idem.

(Quatrième partie). En quatre châssis à vitrage assemblés d'ensemble semblables aux précédents et agencés avec une grande porte à deux vantaux.

Pour la baie de la porte, un chambranle en fer carré de 0,023 mill., formé de deux montants de 3 m. 15 c. chacun, à scellement par le bas et garni de tiges à scellement dans l'appui et assemblés par le haut avec une traverse de 2 m. 55 cent. même fer, portant une contre-traverse en fer plat de 0,050 sur 0,009 mill., assemblés par quantité de rivets.

Derrière, une autre traverse de 5 m. 40 c. en fer T de 36/40 mill., destinée à guider les vantaux en saillie et est fixée par douze supports forgés à doubles pattes assemblées et montées avec de fortes vis taraudées dans les feuillures d'une part et sur la traverse de l'autre.

Une porte en fer à deux vantaux de 3 m. de hauteur sur 2 m. 65 de largeur, composée d'un soubassement avec châssis à croisillon en fer carré, renforcé à coups dans les angles et d'un panneau extérieur comme à l'autre porte.

Un panneau à vitrage idem avec châssis, montants et traverses en même fer, cette porte ainsi composée et bien assemblée sur affleurements et agissant sur quatre galais en fonte douce de 0,080 mill. de diamètre, tournés à double jante cintré dans les congés des châssis et montées avec rondelles en cuivre sur des axes en fer rond de 0,015 mill., embrevés dans l'épaisseur des traverses et rivés et garnis de clavettes doubles recourbées.

Deux rails, de chacun 5 m. 30 c. en fer plat de 27/5 mill., entaillés et rainés sur le seuil en bois et fixés avec vis fraisées.

Au milieu et d'un bout, côté du mur, deux sabots assemblés et fixés dans le seuil, réglant la course des vantaux.

Fermeture : un bec de canne fait exprès, à loquet avec bouton de coulisse sur haut encloisonnement, garni d'une forte gâche encloisonnée idem, entaillée sur fer et assemblée avec vis taraudées.

PAVILLON EN FER OU EST ÉTABLIE LA CHAUDIÈRE.

Le comble est d'un plan rectangulaire de 8 mètres sur 1 m. 90 cent., composé de trois fermes (voir Fig. 10 planche 9, deuxième partie), formées chacune de deux arbalétiers en fer à T, de 27/25 mill., sur un arc complet en même fer, s'assemblant avec la façade et sur le mur d'appui, accouplées à chacune par sept paires de plaques de tôles de 0,001 mill. découpées et rivées. Sur l'appui deux plaques simples assemblées à tenons à double goupilles, entaillées et scellées dans la brique.

Les deux autres fermes semblables.

Pour les croupes, quatre arêtiers et quatre arcs à projections elliptiques en même fer, avec plaques d'assemblages idem, et plaques simples sur les appuis, idem.

Un faîtage avec arcs reposant sur le sommet des cintres de chaque ferme, ensemble en fer T idem et fixés aux extrémités avec vis.

Deux petites pannes même fer, placées au milieu des croupes fixées avec vis idem.

Quatre faces à vitrages reposant sur l'appui en briques, composées ensemble de huit cours de traverses en fer, cornières de 28/28 mill., formant sablières d'une part et affleurant la brique de l'autre, où elles sont fortement fixées avec vis tamponnées.

Quarante-neuf montants d'angles de rivés et de divisions en même fer T, portant chacun un mètre de longueur, assemblés à tenons de chaque bout dans les traverses et rivés.

Sur la grande façade sont trois vasistas de chacun 1 mètre sur 0,385 en fer, cornière 20/20 mill., assemblés d'équerre et à queue d'aronde brasés, ferrés de chacun deux paumelles doubles ajustées et fixées avec rivets en feuillure, et d'un loqueteau à baril en cuivre et de son mantonnet fixés avec vis idem en feuillure.

Sur la face latérale est une porte en fer, équivalente à celle de la première partie de la façade de l'atelier, celle-là quoique moins haute, mais cette différence ne porte que sur le panneau à vitrage, le travail étant le même.

Pour les gouttières de la couverture seize colliers en fer à sceau à agrafe.

Lanterne à vitrage raccordant le pavillon avec la grande façade, composée de trois divisions ou montants verticaux de 1 m. chacun.

Une traverse d'appui.

Huit chevrons horizontaux.

Un faîtage et une sablière de 3 m. 55 cent., le tout en même fer, assemblés à tenons et rivés sur la traverse d'appui et celle du haut.

Le faîtage est en cornière 28/28 millim., adossée sur la traverse de la grande façade, la sablière est maintenue à l'écartement de la gouttière par trois colliers en fer plat fixés avec vis sur la sablière du pavillon.

A l'entrée de l'escalier deux montants de baie de chacun 2 m. 05 cent. de hauteur en fer carré de 0,023 millim., assemblés par le haut avec l'extrémité de la lanterne qui est un chevron à vitrage en cornière de 28/28 millim., fixés avec vis taraudées sur les bouts.

Lesdits montants sont maintenus dans leur milieu par trois scellements dans les appuis, et à scellement par le bas, et de deux battements haut et bas pour recevoir la porte.

Une porte en fer équivalente à la précédente, quoique plus large, mais le travail étant le même.

Pour communiquer dans le caveau, établi un escalier en fer plat de 0,080/11 millim., avec palier de repos et retour à la partie inférieure.

Ledit en vingt-quatre parties assemblées à tenons plats épaulés, mortaisés et rivés sur les limons et avec équerres d'assemblages dans la jonction montées avec boulons.

Garde-corps composé de sept barreaux de 0,85 millim. en fer rond de 0,018 millim., à col de cygne par le bas, dont partie à pattes et à vis taraudées sur le limon, et partie scellée dans la brique, une main-courante à quartier tournant à scellement par le haut et à volute par le bas, fixés avec vis taraudées sur les barreaux ; ledit escalier, avec son garde-corps, pèse 149 kilog.

COUVERTURES.

Couverture du grand comble en tôle douce de 1/2 millim., cannelée et galvanisée, système à nervure avec dilatation libre, fixée avec agrafures en fil de fer de 0,002 millim., galvanisée idem sur les pannes.

Y compris les pignons, pans de mur et mur mitoyen, 221 mètres carrés, 54 cent. carrés de couverture à 8 francs le mètre.

Un chénau de chaque côté, également en tôle galvanisée, mais unie et plus forte, c'est-à-dire de 5/4 de millim., formant ensemble 22 m. 30 cent. linéaire, y compris le fond du mur × 2, ensemble 44 m. 60 cent., à 8 francs le mètre idem.

Sur le chéneau du devant un couronnement en zinc estampé et évidé. Soudé sur les rives et maintenu par des feuillades également soudées et rivées, y compris une quinzaine de rosastres soudées dans l'intervalle de la longueur, 8 francs le mètre idem.

Quatorze mètres de tuyaux de descente en tôle galvanisée, idem avec crochet, 2 fr. le mètre.

PAVILLON DE LA CHAUDIÈRE.

Dix-sept mètres carrés de couverture, idem à 8 francs.

Vingt mètres de gouttières fixées avec agrafes, 1 fr. 50 le mètre.

Quatre tuyaux de descente en tôle galvanisée, idem, diamètre de 0,030 mill., avec dauphins.

Ce qui égale 4 tuyaux × 2 m. compris dauphins = 8 m. × 2 f. 50.

PEINTURE ET VITRERIE DU GRAND COMBLE.

Deux couches dont une au minium sur tous les fers et fonte, et une au gris foncé. — Prix pour le temps passé et fournitures, 208 fr. 50 centimes.

Vitrage lanterne : 96 travées verre double deuxième choix 2 m. × 0 m. 46 ×96 = 88 m. 32, y compris les contre-masticages et 192 attaches en plomb, = 874 fr. (ou 10 fr. le mètre.)

Façade de l'atelier : Cent quatre-vingt-douze carreaux verre demi-double, deuxième choix, idem de 1 m. × 0 m. 44 × 192 = 84 m. 48 cent. × 8 fr. = 675 fr. 85 cent.

Pavillon : pour les quatre faces, quarante carreaux verre demi-double, idem, produisant 17 m. 68 cent. × 8 = 153 fr.

Lanterne à vitrage raccordant le pavillon avec la grande façade, huit verres hors mesure à 8 fr. l'un, = 64 fr.

Prix total. — Cette construction a été faite sur tout l'ensemble concernant les détails ci-dessus pour la somme à forfait de 12,500 francs,

Savoir : 8,000 francs pour la construction en fer, 2,500 francs pour la couverture, et 2,000 francs pour la peinture et la vitrerie.

N° 10. — CELLULES EN FER.

(Planche 6.)

Projets, devis et dessins que j'ai disposés à la demande de M. Oudry, ingénieur des ponts et chaussées en retraite, pour être montés dans les Romagnes, sont disposés ainsi qu'il suit :

Dimensions, 1 m. 80 sur 2 mètres chacune, assemblés par dix montants en fer T, cornière et fers croix et deux cours de traverses en même fer, assemblées avec équerres doubles en fer forgé et fixées avec vis, sur des lambourdes en chêne, par le bas et sur un châssis en fer plat par le haut, ledit garni de trois traverses même fer assemblés à tenons rond et rivés d'ensemble et de huit autres traverses intermédiaires passant par le milieu desdites et fixées à tenons rivés également sur les traverses de rives.

A cedit châssis est joint un grillage en fil de fer de 0,002 millim., maille de 0,040 millim.

Onze panneaux en tôle de 5/4 de millim. viennent se fixer ensuite dans les encadrements des montants et traverses fixés avec rivets dans le sens de la figure.

Une porte composée de deux montants, trois traverses et un croisillon en fer carré, assemblés à tenons et goupilles, le panneau du bas est en tôle semblable aux autres, celui du haut est composé d'un châssis et d'une traverse en fer plat recevant cinq barreaux en fer rond, embrevés et rivés dans lesdites traverses.

Ladite porte est ferrée de pivots à tourillons haut et bas fixés avec contre-platine rivées sur les traverses.

Fermeture d'une serrure pène dormant et gâche posées extérieurement dans le sens de la figure et fixées avec vis taraudées.

Intérieurement est un sommier, composé d'un châssis en fer plat garni de croisillon en fer à sceau rivé ensemble.

Ledit est maintenu par une traverse en cornière et à consoles, arquées en même fer, fixée aux extrémités sur les montants sur le devant.

Sur le fond par quatre équerres ou supports en fer forgé fixés et rivés sur les montants du fond, supportant ainsi le sommier qui se trouve fixé et rivé d'ensemble sur les supports de la traverse.

D'un porte-numéro en fonte fixé sur les rives de la traverse du haut avec vis taraudées.

Prix. — Ces cellules, désignées suivant le plan, sont évaluées à l'emploi de 470 kilog. de fer et tôle en moyenne chacune et à raison de 1 fr. 30 cent. le kilog., égal en moyenne pour une seule, 611 francs.

Et pour la commande à forfait de 48 semblables.

Quarante-huit cellules en tout semblables pour le prix total de 25,000 fr., transport à part.

DEUXIÈME PARTIE

N° 11. — POITRAILS, POUTRELLES ET PLANCHERS.

(Planche 7.)

Ainsi que l'on a dû le remarquer dans la première partie, mes dispositions ne sont que purement pratiques, parce qu'elles sont simples; celles-ci, au contraire, demande une base solide de calcul et de raisonnement (c'est-à-dire la pratique à la théorie). Mais, pour les rendre aussi simples que faciles, je consignerai dans des tableaux tous les cas usuels où elles pourront être employées et à l'aide desquelles on pourra les déterminer, par les formules, ainsi :

Pour la poutre en tôle pleine (Fig. 1), garnie d'un arc et de supports distancés augmentant ainsi la rigidité de la pièce en la rendant plus résistante.

Pour la poutre évidée (Fig. 2) également en tôle, formant une sorte d'ornementation, n'est disposé que pour des poutres de rives ou pour poitraux apparents, tel que les vitrages, etc.

Sur lequel on a la même formule pour les deux cas, c'est-à-dire en supposant pour la première une épaisseur d'âme équivalente au poids de l'arc, et pour la deuxième une épaisseur d'âme moindre, équivalente pour la supposer pleine, ce qui facilitera beaucoup pour en effectuer le calcul dans lequel on a pour la valeur de I ou moment d'inertie de la pièce ou de la section d'encastrement, pris par rapport à la ligne des fibres invariables passant par le centre de gravité $v' = \frac{1}{2}\ b$, d étant la distance de cette ligne à la plus éloignée, on a :

$$I = \frac{1}{12}\ a\ b^3 - 2\ (a'\ b'^3 + a''\ b''^3 + a'''\ b'''^3)$$

Le double tableau suivant contient une série de profils pour les deux systèmes de poutres, de leur valeur de I, du poids de chacun de ses fers par mètre courant, et de leur prix au kilogramme.

N° 12. — DOUBLE TABLEAU

CONTENANT UNE SÉRIE DE PROFILS POUR LES DEUX SYSTÈMES DE POUTRES, DE LEUR VALEUR DE I, DU POIDS PAR MÈTRE COURANT DE SES FERS ET DE LEURS PRIX AU KILOGRAMME.

POUTRES EN TOLE PLEINE ARQUÉE N° 1.

Hauteur b du profil.	Saillie a des nervures dessus et dessous.	Épaisseur e de l'âme y compris le supplément de l'arc pour le calcul.	Épaisseur des nervures e'	Largeur des côtés des cornières.	Diamètre des Rivets en millim.	Valeur de I.	Rapport supplémentaire de l'arc.	Poids au kilogr. par mètre pour le calcul.	Prix au kilogr.
0,20	0,100	0,004	0,002	0,030	8	0,000013531	1/18	19,4	1,30
	0,100	0,006	0,004	0,030	8	0,000017561	»	25,6	1,30
	0,100	0,008	0,006	0.035	10	0,000025200	»	32,8	0,90
	0,100	0,010	0,008	0,040	12	0,000029549	»	38,8	0,90
	0,100	0,012	0.010	0,045	14	0,000037762	»	45 »	0,90
0,25	0,125	0,004	0,002	0,030	8	0,000018513	»	22,4	1,30
	0,125	0,006	0,004	0,035	8	0,000035020	»	29,2	1 »
	0,125	0,008	0,006	0,040	10	0,000048685	»	37 »	0,90
	0,125	0,010	0,008	0,045	12	0,000057749	»	43,7	0,90
	0,125	0,012	0,010	0,050	14	0,000070126	»	52 »	0,90
0,30	0,150	0.007	0,010	0,050	14	0,000111847	»	61,4	0,90
	0,150	0,012	0.010	0,050	14	0,000120994	»	75,8	0,80
0,35	0,175	0,007	0,010	0,050	14	0,000214666	»	84,4	0,90
	0,175	0,012	0,010	0,050	14	0.000228320	»	103,3	0,80
0,40	0,200	0.007	0,010	0,055	14	0,000263361	»	107 »	0,90
	0,200	0,012	0,010	0,055	14	0,000286225	»	123 »	0,80
0,50	0,250	0,007	0,010	0,060	15	0,000733792	»	140,9	0,90
	0,250	0,012	0.010	0,060	15	0,000874832	»	168.6	0,80
0,60	0,300	0,007	0,010	0,070	16	0,001002480	»	156,8	0,80
	0,300	0,012	0,010	0,070	16	0,001083790	»	180,8	0,70
0,70	0,350	0.007	0,010	0,080	17	0,001617229	»	199,4	0,80
	0,350	0,012	0.010	0,080	17	0,001748259	»	226,7	0,70
0,80	0,400	0,007	0,010	0,090	18	0,002527642	»	259,3	0,80
	0,400	0,012	0,010	0,090	18	0,002725372	»	296,6	0,70
0,90	0,450	0,007	0,010	0,100	19	0,003748880	»	306,2	0,70
	0,450	0,012	0,010	0,100	19	0,004032824	»	343,3	0,65
1,00	0,500	0,007	0,010	0,120	20	0,005975146	»	426,4	0,70
	0,500	0,012	0,010	0,120	20	0,006367146	»	467,8	0,65

POUTRES EN TOLE ÉVIDÉE N° 2.

Hauteur b du profil.	Saillie a des nervures dessus et dessous.	Épaisseur e de l'âme pour le calcul.	Épaisseur des nervures e'	Largeur des côtés des cornières.	Diamètre des Rivets en millim.	Valeur de I.	Rapport de l'évidement.	Poids au kilogr. par mètre pour le calcul.	Prix au kilogr.
0,20	0,100	0,001	0,002	0,030	8	0,000011649	»	15,6	1,50
	0,100	0,002	0,004	0,030	8	0,000015202	»	21,8	1,40
0,25	0,125	0,001	0,002	0,030	10	0,000014791	»	18,2	1,40
	0,125	0,002	0,004	0,035	10	0,000030196	»	25,5	1,40
0,30	0,150	0,002	0,004	0,050	12	0,000068954	»	28 »	1,40
	0,150	0,004	0,008	0.050	12	0,000090527	»	41,6	1,30
0,35	0,175	0,002	0,004	0,050	12	0,000188500	»	40 »	1,30
	0,175	0,004	0,008	0,050	12	0,000229365	»	46,5	1,10
0,40	0,200	0,003	0,006	0,055	14	0,000224481	»	66,4	1,20
	0,200	0,005	0,010	0,055	14	0,000254271	»	86,7	1,10
0,50	0,250	0,003	0,006	0,060	14	0,000371711	»	80,3	1,20
	0,250	0,005	0,010	0,060	14	0,000616080	»	101,7	1,10
0,60	0,300	0,003	0,006	0,070	14	0,000633412	»	93 »	1,10
	0,300	0,005	0,010	0,070	14	0,000969976	»	122,4	1 »
0,70	0.350	0,004	0,008	0,080	16	0,001388688	»	142,6	1 »
	0,350	0,006	0,012	0,080	16	0,001743568	»	176,9	1 »
0,80	0,400	0,004	0,008	0,090	16	0,002529176	»	168,4	0,90
	0,400	0,006	0,012	0,090	16	0,002622781	»	205,4	0,90
0,90	0,450	0,004	0,008	0,100	18	0,002963194	»	192,8	0,90
	0,450	0,006	0,012	0,100	18	0,003879799	»	237,2	0,90
1,00	0,500	0,004	0,008	0,120	18	0,005248470	»	263,6	0,90
	0,500	0,006	0,012	0,120	18	0,006342893	»	315,4	0,90

Nota. — Le fer plat de l'arc est compris entre le sixième de la hauteur b et d'épaisseur, suivant la cornière qui est comprise entre le 1/7 et le 1/8 d'un de ses côtés, ce qui servira à déterminer l'épaisseur de la tôle de chacun (pour les poutres en tôle évidées), on prendra la double épaisseur e du calcul.

Nota Bene. — L'écartement des rivets est compris entre 6, 8, 9 et 10 centimètres d'axe en axe selon l'expérience.

N° 13. — OBSERVATIONS POUR LE CAS DES FLEXIONS.

On obtient les valeurs de I directement pour les profils dont le centre de gravité est au milieu par les formules suivantes :

Le moment d'inertie I d'un rectangle par rapport à l'axe passant par le centre de gravité est

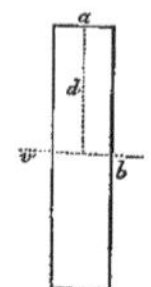

$$I = \frac{1}{12} a\, b^3 \quad \Big\} = \frac{PL^3}{3\, f\, E}$$

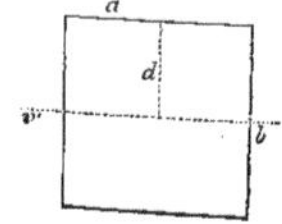

Le moment d'inertie d'un carré parallèlement à sa base

$$I = \frac{1}{12} a^4 \quad \Big\} = \frac{PL^3}{3\, f\, E}$$

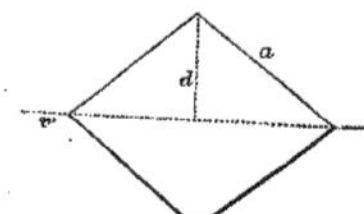

Le moment d'inertie d'un carré reposant sur une arête

$$I = \frac{1}{12} a^4 \quad \Big\} = \frac{PL^3}{3\, f\, E}$$

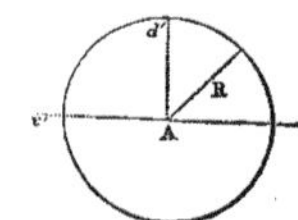

Le moment d'inertie d'un cercle par rapport à son diamètre

$$I = \frac{1}{4} AR^2 = \frac{\pi \times R^2 \times R^2}{4} \quad \Big\} = \frac{PL^3}{3\, f\, E}$$

Pour les profils creux, on retranche la partie vide de la partie pleine en faisant les deux opérations.

N° 14. — Quant aux autres profils, c'est-à-dire corps irréguliers, il y a des profils qui se prêtent encore commodément au calcul, exemple les fers à double T à semelles égales, le centre de gravité étant au milieu, la valeur de I se détermine par l'application facile de la quadrature. Ainsi, pour le profil en double T à semelles égales, on a

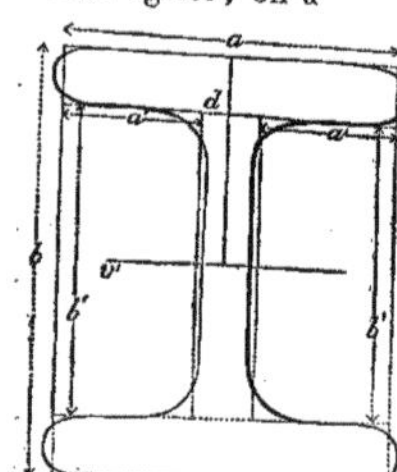

$$I = \frac{1}{12} a\, b^3 - 2\, a'\, b'^3 \quad \Big\} = \frac{PL^3}{3\, f\, E}$$

N° 15. — Pour les semelles inégales, fers T simples, fers de toutes formes irrégulières, on détermine d'abord la position de la ligne des fibres invariables qui n'est pas connue. (Dans ce cas, on prend l'empreinte du profil dont il s'agit de trouver le moment d'inertie que l'on divise en un certain nombre de parties égales, et que l'on désigne par la lettre l' l^2 l^3, etc., pour les ordonnées.)

Soit la figure irrégulière ci-contre à déterminer la position de la ligne des fibres invariables passant par le centre de gravité v' et parallèlement à sa base ou appui formée de sept divisions rectangulaires, je mène ensuite du milieu de ses rectangles à la base les ordonnées l^1 l^2, etc. Je fais la surface de chacun des rectangles que je multiplie par chacune de ces ordonnées, que l'on exprime en mètres carrés, cette opération faite, on fait la somme des surfaces, puis la somme des surfaces multipliées par les ordonnées, et l'on divise cette dernière somme par la première, le résultat donne la hauteur en millimètres de la ligne des fibres invariables passant par le centre de gravité v'.

De cette ligne, on obtient le moment d'inertie en multipliant trois fois la longueur de la distance comprise entre la ligne du centre de gravité et le sommet ou la base de chaque rectangle, et de le diviser ensuite par **3**, que l'on porte à partir de la ligne du centre de gravité en menant une ligne parallèle, et ainsi de suite pour les quatorze rectangles composant la figure; cette opération faite, on fait la surface de cette quantité, toujours en mètre carré, dont le produit de la somme est la valeur de I. Chercher.

Observation. — Il en résulte quelquefois un embarras pour les personnes qui ne sont pas accoutumées à ces genres de calculs. On remarquera que, quand une figure est petite, le produit de chaque surface des rectangles se trouve porté jusqu'à des dix-billionièmes, ce qui ne peut alors se produire en surface qu'en en prenant le nombre 10, 100, 1000 et 10000 fois plus grand ; la surface alors se trouve elle-même 10, 100, 1000 ou 10000 fois plus grande que l'on divise par ce nombre de fois plus grand.

Exemple : Le produit d'une surface étant, je suppose, $\frac{0,00001728}{3} = 0,000,000576$ billionièmes, en rendant ce nombre 10000 fois plus grand, j'aurai donc 0 m. 0 déc. 0 cent. 5 millim. 7 dixièmes 6 cent millièmes, ou 0,00576 cent millionièmes, ou 0,006 mill., et, en supposant la surface de ce produit rendu 10000 fois plus grand = 0,000042, on aura donc, en le rendant à sa juste valeur, 0,0000,000042 d'où I = 0,0000,000042 et ainsi de suite.

N° 16. — Moment d'inertie pour un fer simple T posé suivant la parallèle menée à sa base.

L'opération se fait de même en divisant la figure en rectangle, puis de même pour les trois ordonnées suivantes, on fait la surface de chacun des rectangles multiplié par la longueur de chaque ordonnée menée du milieu de chaque rectangle à la base, on fait la somme des trois surfaces, puis la somme des trois surfaces multipliées par les trois ordonnées, et l'on divise cette dernière somme par la première, le résultat donne la hauteur en mètres ou millimètres de la position de la ligne passant par le centre de gravité v'.

Le moment d'inertie sera donc en multipliant trois fois la hauteur de chaque rectangle, moins l'espace comprise entre le fer et la ligne du centre de gravité, diviser ensuite le produit de chacun par 3, que l'on reproduit également à une échelle 10, 100, 1000 ou 10000 fois plus grande, et le produit de la somme totale de cette surface, divisé par le nombre de fois que l'on aura pris plus grand, sera le produit de la valeur de I. Chercher.

N° 17. — Cas ou la ligne passant par le centre de gravité, et dont le centre est dans l'espace compris entre les deux joues. Exemple : Pour une forme circulaire reposant, suivant la parallèle menée à sa base, la position de la ligne passant par le centre de gravité sera donc parallèlement à cette base.

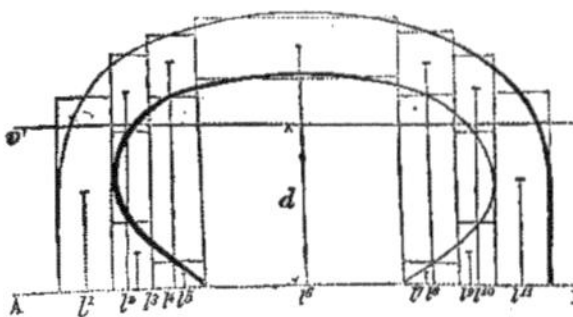

Que l'on détermine par le même moyen en divisant la figure en rectangles, puis l'on fait comme précédemment la surface de chacun des rectangles multipliée par son ordonnée menée de son milieu à sa base.

On fait la somme des surfaces, puis la somme des surfaces multipliées par les ordonnées, et l'on divise de même cette dernière somme également par la première, le résultat donne la hauteur en mètres ou millimètres de la position de cette ligne.

Le moment d'inertie de cette figure sera donc en multipliant trois fois la hauteur de chaque rectangle, moins l'espace compris entre le fer et la ligne passant par le centre de gravité v', et de diviser le produit par 3, que l'on reproduit également à partir de cette ligne, et à une échelle 10, 100, 1000 ou 10000 fois plus grande selon les dimensions de la figure. Cette opération ainsi faite, je suppose, pour les onze rectangles, on fait la somme de toute ces surfaces, on divise ensuite par ce nombre de fois que l'on aura pris plus grand, et le produit sera la valeur de I. Chercher d'où

$$I = \Big\} \text{ ou } = \frac{PL^3}{3\,f\,E}$$

et ainsi de suite pour toutes les figures.

N° 18. — OBSERVATIONS SUR LES VALEURS DE I.

Plusieurs constructeurs supposaient, par une fausse analogie, augmenter la résistance d'une pièce soumise à un effort de flexion transversale. Exemple pour les fers à double T pour les planchers, en augmentant les nervures supérieures ou inférieures, dont les uns, pour les nervures supérieures, pour les soumettre à un effort de compression; les autres, pour les nervures inférieures, pour les soumettre à un effort de traction. Il en résulte comme il a été dit plus haut, le fer étant à semelles inégales, le moment d'inertie ne se retrouve plus au milieu, il faut donc qu'il soit calculé par les formules précédentes, sur lequel on a pour l'effort à supporter, pour le premier, épaisseur supplémentaire des nervures en dessus, et en supposant cette pièce d'une longueur ^{2}L et d'un poids ^{2}P à supporter, soit 2000 kilog. uniformément répartis,

On a $P = \frac{E^3\,f\,I}{L^3} = 1250$ k., pour la charge du milieu où les $\frac{5}{8}$

la même pièce retournée, la valeur de I est la même, puisque le centre de gravité ne change pas.

On a $P = \frac{E^3\,f\,I}{L^3} = 1250$ k., également et avec la même flexion.

La différence étant nulle, il sera donc préférable, toutes les fois que l'on voudra augmenter le moment d'inertie d'une pièce quelconque, sans qu'elle dépasse le même poids, d'avoir recours au moyen suivant pour les fers à double T laminé ou en tôle.

N° 19. — **Exemple.** Moyen pratique d'augmenter la valeur de I d'une pièce en conservant le même poids, d'après les expériences récentes que j'ai faites à cet égard, dans lequel il faut donner aux semelles une largeur égale à la moitié ou au tiers de la hauteur, et d'une épaisseur égale au $\frac{1}{20}$ de la hauteur b, auquel on donne pour épaisseur e la résistance que l'on veut donner au solide, et qui est une fraction à peu près constante entre le $\frac{1}{20}$ et le $\frac{1}{30}$ de la hauteur pour les fers à double T étirés, et pour les tôles on y substitue par la grande hauteur des profils, tel qu'on le verra à l'exemple suivant :

N° 20. — **Exemple.** Quel serait le moment d'inertie d'une poutre en tôle arquée suivant le profil de la figure ci-contre et en supposant une épaisseur d'âme e équivalente au poids de l'arc et des dimensions suivantes :

0,60 cent. de hauteur b, 0,30 cent. de largeur a des nervures et d'une épaisseur d'âme e = 0,010 mill. pour la tôle et pour le supplément de l'arc correspondant étant en fer plat compris entre le $\frac{1}{6}$ de la hauteur $b = 0{,}010$ mill., d'où $e = 0{,}014$ mill., épaisseur e' des nervures $= 0{,}010$ mill. — cornières de 0,070 mill. de côtés le $\frac{1}{8}$ $= e'' = 0{,}010$ mill., d'où l'on aura, en supposant le centre de gravité au milieu, les relations suivantes :

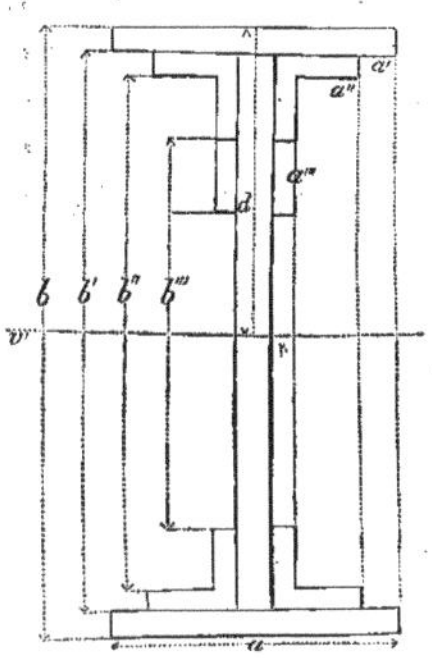

$$I = \frac{1}{12}\, a\, b^3 - 2\,(a'\, b'^3 + a''\, b''^3 + a'''\, b'''^3),$$

D'où l'on tire pour chacun :

Pour la base	I	$= \frac{0{,}3 \times 0{,}6^3}{12} - \frac{0{,}3 \times 0{,}58^3}{12}$	$=$	0,000,522,223
Cornières	I'	$= 2 \times \frac{0{,}06 \times 0{,}58^3}{12} - 2 \times \frac{0{,}06 \times 0{,}56^3}{12}$	$=$	0,000,194,960
Cornières	I''	$= 2 \times \frac{0{,}01 \times 0{,}56^3}{12} - 2 \times \frac{0{,}01 \times 0{,}44}{12}$	$=$	0,000,148,720
Ame	I'''	$= \frac{0{,}010 + 0{,}004 = 0{,}014 \times 0{,}58^3}{12}$	$=$	0,000,227,630
On aura donc pour la valeur de I, total			$=$	0,001,093,533

$$\text{D'où } I = \frac{1}{12}\, a\, b^3 - 2\,(a'\, b'^3 + a''\, b''^3 + a'''\, b'''^3), = 0{,}001{,}095$$

La valeur de I étant déterminée, on pourra savoir ce que pourrait supporter cette pièce dans une longueur ; je suppose $^2L = 12$ m. dont 10 m. 80 de portée dans œuvre en y introduisant la formule

$$P = \frac{E^3 f\, I}{L^3}$$

En sachant que **P** représente la demi-charge au milieu que nous cherchons ;

— **L** la demi-portée qui est de 5 m. 40 ;

— **E** le plus grand effort auquel on doit soumettre les fibres les plus tendues d'un solide sollicité par un effort transversal pour que cette pièce soit dans de bonnes conditions et que je prends ici pour la tôle à 10,000,000,000 ;

— **3** ce chiffre est constant dans ces formules ;

— f représente la flexion que doit prendre cette pièce dans la limite de $\frac{1}{500}$ pour la théorie [1], égal à 0,022 millim. ;

— **I** moment d'inertie de la pièce, égal à 0,001,095.

En pratique on prend $\frac{1}{300}$ pour le fer et $\frac{1}{600}$ pour la fonte pour certains cas. La théorie n'admet que $\frac{1}{500}$ pour le fer et $\frac{1}{1000}$ pour la fonte pour les flexions transversales.

On aura donc pour la valeur de P

$$P = \frac{E^3 f\, I}{L^3}$$

$$\text{Ou } P = \frac{10{,}000{,}000{,}000 \times 3 \times 0{,}022 \times 0{,}001095}{157} = 4603 \text{ kil.}$$

4603 kilog. étant la demi-charge, nous aurons donc pour la charge totale du milieu $4603 \times 2 = 9206$ kilog.

9206 kilog. serait donc la charge que cette poutre supporterait en son milieu avec une flexion de 0,022 mill.

Mais puisque nous connaissons la charge du milieu, quelle serait donc la charge uniformément répartie que cette pièce pourrait supporter tout en conservant une flexion toujours égale à 0,022 mill.

Comme l'action d'une charge uniformément répartie sur la longueur d'une pièce quelconque soumise à effort de flexion transversale, équivaut à l'action d'un poids égal aux $\frac{5}{8}$ du poids total du milieu, nous aurons donc $\frac{9,206}{5} \times 8 = 14,728$ kilog.

14728 kilog. serait le poids que cette pièce pourrait supporter uniformément répartie et avec une flexion toujours égale à 0,022 millièmes.

Si nous cherchons si ce nombre est bien exact, nous aurons $\frac{14,728}{8} \times 5 = 9,206$ pour le poids du milieu formant une flexion identique.

Nota. — Pour le rapport de l'arc, j'admets un supplément de $\frac{1}{10}$, ce qui fait pour la charge au milieu. . . . . 10126 kilog.
Uniformément réparti. 16200

Observation. — Il ne faut pas oublier qu'à ces charges, le poids propre du solide est à déduire; on le verra plus loin aux cas d'application, le poids calculé de la poutre étant de 1518 kilog. 7 hect., on aura pour la charge au milieu. . . . . { 8603 kilog. 7 hect.
Uniformément réparti . . . . {13773 7

N° 21. — FORMULES PRATIQUES A SUIVRE POUR LES CAS DE FLEXIONS.

1° Pour trouver une charge ²P en connaissant la valeur de I au moment d'inertie et la flexion f on a

$$P = \frac{E^3 f I}{L^3}$$

2° Etant donnée une charge ²P, une longueur ²L, une hauteur b et une largeur a et une flexion connue, trouver le moment d'inertie de la pièce devant la supporter, on a

$$I = \frac{PL^3}{3 f E}$$

Dans lequel la forme étant connue, il suffira de chercher les épaisseurs à donner qui puissent reproduire la valeur trouvée par la formule.

3° Etant donnée une charge à supporter sur une poutre dont on connaîtrait la valeur de I, déterminer la flexion qu'elle pourrait prendre, on a

$$f = \frac{PL^3}{3 I E}$$

4° Dans une expérience où l'on voudrait connaître la valeur de E, on aura, en observant les flexions et en connaissant la valeur de I

$$E = \frac{PL^3}{3 f I}$$

Ce cas d'application est essentiellement important pour connaître les natures de fers que l'on emploie.

N° 22. — TABLEAU CONTENANT LES DIFFÉRENTES VALEURS DU COEFFICIENT D'ÉLASTICITÉ E FORMÉ PAR L'EXPÉRIENCE.

Le mètre carré étant pris pour unité de surface.

NATURE DES MATÉRIAUX.	CAS ORDINAIRE.	MATÉRIAUX DE CHOIX, CONSTRUCTIONS LÉGÈRES.
Fer forgé ordinaire.	10,000,000,000	18,000,000,000
Dito corroyé ou étiré.	16,000,000,000	22,000,000,000
Tôle dans le sens du laminage.	10,000,000,000	18,000,000,000
Tôle perpendiculaire en laminage.	10,000,000,000	18,000,000,000
Fonte de fer ordinaire de France.	8,000,000,000	12,000,000,000
Bois, chêne ou sapin très-sec.	800,000,000	1,000,000,000
Acier fondu très-fin, recuit à l'huile. . . .	22,000,000,000	30,000,000,000
Dito, ordinaire.	18,000,000,000	20,000,000,000

N° 23. — POUTRES EN FER SOUMISES A UN EFFORT DE TRACTION.

(Planche 7, Fig. 3, 4, 5.)

Dans un sens d'économie, on donne aussi à des poutres légères un effort de traction, qui est formé par un tiran en fer plat, carré ou rond, mais plus particulièrement en fer rond, d'un diamètre calculé suivant l'effort ^2P et garni à chaque extrémité d'un œil en fer forgé de façon à recevoir un ancre d'un carré ou diamètre double du tiran et qui repose ordinairement à l'affleurement extérieur des murs.

Ces poutres sont jumelles et assemblées d'ensemble au moyen de brides et de croisillons intérieurs, et pour l'assise de ces poutres, on dispose aux deux tiers ou aux trois quarts de la portée, deux entretoises fortement fixées avec rivets ou boulons, de manière à pouvoir résister à l'action du tiran qui, entrelacé entre deux, est appelé à résister à l'effort ^2P.

Ce genre de construction est celui qui offre le plus d'avantage dans les bâtiments et autres, parce que l'on obtient une force supérieure avec beaucoup moins de fer, et de plus, de ne pas être assujetti à des poussées comme les autres tout en lui laissant une dilatation libre il maintient les murs ; le même système est disposé pour les solives de plancher (Fig. 7), offrant le même avantage par l'enchaînement complet de chaque solive avec les murs, sur lequel je reviendrai plus loin.

Le calcul de tension est d'une application très-facile et que l'on remarquera dans l'exemple suivant :

N° 24. — Les poutres étant réduites de leurs valeurs respectives, que reste-t-il donc à calculer ; un tiers ou un quart d'intervalle, ce serait trop petit ; vaut mieux pour l'assise des solives les disposer de formes ordinaires ou comme le goût suggérera.

Nous aurons donc pour l'effort du tiran T à calculer la surface de la section transversale qui est pour le fer carré $a \times a = s$ et pour le rond $\pi \times R^2$ ou $3,14 \times R^2 = s$, dans lequel les efforts étant déterminés, j'exprimerai pour le rapport du tiran $\frac{T}{R}$, T étant la tension en kilogrammes et le coefficient R étant pour le fer 6,000,000 de kilogrammes égale s pour la surface.

N° 25. — **Exemple**. Etant donnée une poutre dont $^2L = 7$ m. de portée dans œuvre devant supporter le poids $^2P = 22000$ kilog. uniformément réparti.

Nous aurons, en sachant que les $\frac{5}{8}$ de cette charge égal le poids du milieu produisant la même flexion, — d'où l'on aura pour la formule la demi-charge

$$\frac{13750}{2} = 6875 \text{ kil., d'où } P = \frac{6875}{R} = s \text{ ou } 0{,}001{,}145.$$

D'où l'on tire :

Pour le tiran à section carrée $a = \sqrt{0{,}001{,}145} = 0{,}034$ mill. pour le côté a du carré.

Pour le tiran à section ronde $D = \frac{0{,}001{,}145}{3{,}14} = R^2$ ou 0,000,364 mill.

Le rayon R est donc égal à la $\sqrt{0{,}000{,}364} = 0{,}019$ m., d'où D = 0,019 m. × 2 = 0,038 mill. D = 0,038 mill. et en supposant le poids de la poutre = 525 kilog. on aura donc pour la charge que ce carré ou diamètre supporterait avec sécurité en rectifiant le calcul.

1° 0,034 × 0,034 = 0,001156 × 6 k. = 6936 k. × 2 = 13872 k. — 525 k. = 13347 k.

2° πR^2 ou $\pi \frac{D^2}{4}$ = 0,019 × 0,019 = 0,000361 × 3.14 × 6 k. = 7398 k. × 2 = 14796 k. — 525 k. = ... 14271 k.

Ce poids étant inférieur 13750 k. à cause du poids du métal, on aura donc à prendre un carré ou un diamètre correspondant à cette charge et ainsi de suite pour les valeurs de ce genre.

N° 26. — **Observation.** Il ne faut pas perdre de vue que pour le tiran de la poutre (Fig. 5) (qui, au lieu de se trouver fixé sur le mur comme les Figures 3 et 4), se trouve fixé sur le fer d'abord et reposant ensuite sur le mur ou appui tel qu'il se présente dans certains cas, il faudra donc, en sachant que la tension égale la compression, donner à la surface de la section comprimée, une valeur égale à la surface de la section du tiran, car ces deux corps s'opposent dans l'action de la charge une force égale l'un à l'autre suivant la théorie, en pratique la tension est plus forte que la compression, mais basons-nous sur cette hypothèse qui est une limite ordonnée par nos grands observateurs, sur lequel je m'y appuie pour principe.

Il faudra donc, dans ce genre de construction, pour que les deux efforts s'unissent afin de ne pas avoir de flexion autre que l'élasticité donnée au fer T ou cornière, une flèche de courbure égale à $\frac{1}{200}$ au-dessus de l'horizontale, et pour l'action du tiran une courbure égale à $\frac{1}{20}$ au-dessous, les bielles sont en fer carré et à fourchettes ou à pattes en forme de T et rivées, ou bien alors en fonte en forme de croix et à fourchettes également, en pratique elles sont égales pour le fer au double du diamètre, et pour la fonte également comme nous le verrons plus loin.

N° 27. — Il existe un point d'observation plus important encore sur lequel je ne le prendrais que comme expérience pratique à suivre.

Les deux extrémités du tiran auquel se trouve fixée la poutre simple T ou cornière est fixée au moyen de rivets ou de boulons à vis fortement serrés, nous aurons donc pour le rapport du cisaillement et pour l'effort de traction en sens contraire aux fibres et que cette pièce étant raccourcie, on aura D = D pour le diamètre à donner, mais la surface de la section comprimée n'existant pas entièrement dans la demi-section du passage du boulon ou rivet, il en résulte que dans l'effort de la charge, il se produit un écrasement qui se fendillent en se refoulant et en agrandissant le passage du boulon.

Il faudra donc dans ce cas ajouter à la surface comprimée une valeur égale à cette action soit en mettant des plaques en tôle, soit en fonte, fortement fixées avec rivets sur les joues du fer T ou cornières. On en verra l'application aux fermes de combles.

N° 28. — TABLEAU DES DIFFÉRENTES VALEURS DE R POUR LA TRACTION DES CORPS FIBREUX POUR LA PRATIQUE FORMÉE PAR L'EXPÉRIENCE.

NATURE DES MATÉRIAUX.	VALEURS DE L'EFFORT Qu'on peut faire supporter avec sécurité par mètre carré de section transversale.	
	CAS ORDINAIRE.	MATÉRIAUX DE CHOIX CONSTRUCTIONS LÉGÈRES.
Fer forgé ordinaire	6,000,000	8,000,000
Dito, corroyé ou étiré.	8,000,000	10,000,000
Tôle dans le sens du laminage.	6,000,000	7,000,000
Tôle perpendiculaire au laminage.	6,000,000	6,000,000
Fonte de fer grise. . . . . / Fonte de fer blanche.	2,000,000	3,000,000
Acier { première qualité.	16,000,000	22,000,000
Acier { moyenne.	12,000,000	16,000,000
Bois de chêne ou sapin très-sec	600,000	800,000

N° 29. — **Observation et Exemple.** Pour obtenir le coefficient d'élasticité E en sachant qu'il est pris pour unité au mètre carré.

Il suffit de multiplier la charge d'un centimètre carré par 10,000 pour avoir la surface du mètre carré, puis de le diviser par l'allongement.

Exemple. — Pour un tirau de un centimètre carré de surface sur une longueur de 2, 3 ou 6 mètres, etc., s'est allongé de 0,000,283,704 cent millièmes par mètre courant sous une charge de 562 kil. 406 gr., on a donc

$$\frac{562,406\text{ k.} \times 10,000}{0,000,283,704} = \text{E ou } 19,823,689,000$$

c'était alors un fer de qualité supérieure, attendu que la moyenne = 10 à 12,000,000,000, expériences relatives aux tirans en fer, soumis aux efforts de traction.

N° 30. — POUTRES EN FER SOUMISES A UN EFFORT DE COMPRESSION.

(Planche 7, Fig. 6.)

On emploie aussi pour des planchers économiques, des supports de chêneau, des marquises, des hangars à grande portée, etc., des poutres arquées, c'est-à-dire soumises à un effort de compression ; ce sont les deux genres auxquels je fais le plus d'usage dans ce cas (Fig. 6), posé sur un mur ou appui, poteau ou colonnes, je les dispose en fer à simple T de dimensions, suivant l'effort ²P à supporter et qui se calculent de deux manières : 1° par le parallélogramme; 2° par la parabole, les supports de l'horizontale peuvent être variés suivant le goût, du moment qu'elles remplissent les conditions.

En commençant par cette dernière on aura pour la formule de la poutre (Fig. 6), composée d'un arc surbaissé dont les extrémités sont arrêtées d'une manière fixe par les culées, s'ils ne l'étaient pas, on aurait recours au moyen tracé sur la figure en décomposant l'horizontale en forme de tiran, à vis ou ancré, comme précédemment (Numéro 23), suivant l'effort ²P, on aura donc, en sachant que toutes les parties de l'arc étant comprimées par des efforts normaux, d'où on aura soin à cet égard d'y placer autant de supports correspondants qu'il sera possible, et cela selon que le goût suggérera, on aura, en admettant que l'arc de cercle puisse être remplacé sans erreur notable par un arc de parabole passant par le sommet et par les deux points d'appui sur les culées.

$$T = P \sqrt{1 + \frac{L^2}{4 f^2}}$$

Dans lequel ^{2}P représente le poids total de la poutre y compris la charge additionnelle ;

— ^{2}L la portée ou la corde de l'arc ;

— f la flèche ou montée de l'arc ;

— T la compression exercée sur la section transversale de l'arc, supposée la même partout.

Ce qui permet, par cette formule, de calculer la pression totale ^{2}P exercée sur la section transversale de l'arc sur les joints des culées, et par suite, la pression par unité de surface.

Je prendrai pour exemple la Figure 6, afin de pouvoir en rectifier le calcul par le parallélogramme, et qui, du reste, a été construit sur ces ordonnées.

Cette poutre a été calculée comme devant supporter ^{2}P = 2550 kilog. uniformément répartis y compris son poids propre qui n'est que de 136 kilog. d'une portée ^{2}L = 8 m. 46 cent., d'où l'on a

En sachant que cette poutre doit supporter 2550 kilog. uniformément répartis, ou ce qui donnera le même effort au milieu en prenant les $\frac{5}{8}$ ce qui égal 1595 kilog., en prenant pour la formule comme précédemment la demi-charge et la demi-portée, nous aurons pour la valeur de T :

$$T = P \sqrt{1 + \frac{L^2}{4 f^2}} = T = 4{,}170 \text{ kil.}$$

Ou bien :

$$T = P \text{ ou } 797 \text{ k. } 5 \times \sqrt{1 + \frac{4{,}23 \times 4{,}23 = \sqrt{52029} = 4{,}23 + 1 = 5{,}23}{4 \times 0{,}50 \times 0{,}50 = \sqrt{1{,}00} = \quad 1{,}0}}$$

$$\text{D'où } \frac{5{,}23}{10} = 5{,}23 \times 797 \text{ k. } 5 = 4{,}170 \text{ kil.}$$

Pour vérifier si cette compression T est égale à 4170 kilog., je formerai donc le parallélogramme de la Figure 6 au moyen de la composante horizontale Q, de la verticale P sur laquelle je porte à une échelle de 0,001 mill. pour 100 kil. la demi-charge totale qui est de 1275 kilog., sur laquelle je mène une parallèle à Q, puis à l'aide du rayon de courbure r et de la diagonale d'équerre au rayon r, je détermine la résultante R qui est égal à T = 4170 kilog.; on voit que ce nombre est exact dans les deux cas, cette formule vérifiée, il suffira donc, en connaissant la compression T pour déterminer la section de l'arc devant supporter cet effort d'employer la valeur de R pour la compression qui est égal à 6,000,000 par mètre carré, ou 6 kilog. par millim. carré de section, et en prenant pour unité de surface le millimètre, nous aurons $\frac{4{,}170}{6}$ = 0,000695 millim. de surface que l'arc doit avoir pour être dans de bonnes conditions.

En cherchant quel est le fer T qui puisse s'unir à cette surface, je trouve que le fer T de 0,048 de hauteur sur 0,045 de largeur et 0,008 d'épaisseur = 0,000720 millim.

Si le fer était rond on aurait πR^2 ou $\frac{0{,}000{,}695}{3{,}14} = R^2 = 0{,}0002213$, le rayon R est donc égal $\sqrt{0{,}0002213} = 0{,}015$ millim., d'où $D = 0{,}015 \times 2 = 0{,}030$ le diamètre serait de 0,030 mill.

Et s'il était carré, on aurait pour le côté $\sqrt{0{,}000695} = 0{,}027$ millim. de côté.

Pour les autres fers, tels que les fers T et autres qui ne sont pas réguliers, et que les circonstances changent de forme, les formules seront remplacées de préférence par un tâtonnement qui sera plus tôt fait que d'employer toute espèce de formule.

N° 31. — **Observation.** Dans les fers irréguliers, on est susceptible de ne pas trouver exactement la surface qui serait demandée, il est préférable dans ce cas de se porter plutôt en dessus qu'en dessous, attendu que pour ces genres de constructions, les fers en T ou cornières doubles formant T sont préférables à tout autre fer.

N° 32. — **Prix.** Les Figures 3, 4, 5, 6, Planche 6 sont fixées ainsi qu'il suit pour chaque poutre, le poids ne dépassant pas. . . . . 50 kilog. 1f00 le kilog.

Idem			100 id.,	0,90
Idem	100	à	200	0,80
Idem	200		500	0,70
Idem	500		2,000	0,65

dans lequel je comprends la pose à toute hauteur.

N° 33. — **Observation.** Pour la valeur du coëfficient R pour la pression. Ce nombre est celui qui exprime l'effort permanent d'extension ou de compression que chaque unité de surface du corps peut supporter avec sécurité pour le cas où l'effort est exercé dans le sens de sa longueur, mais lorsqu'il s'agit de flexions transversales, dans lesquelles les fibres sont allongées ou comprimées, et surtout pour les corps grenus, tel que la fonte, l'égalité de résistance à la compression ou l'extension, n'est admissible que jusque vers des limites assez étroites, et il est prudent de ne pas les pousser jusqu'à la limite où l'élasticité serait altérée.

Le tableau suivant contient les valeurs de R à la compression pour la pratique formée également par l'expérience.

N° 34. — TABLEAU CONTENANT LES VALEURS DE R A LA COMPRESSION POUR LA PRATIQUE FORMÉE PAR L'EXPÉRIENCE.

NATURE DES MATÉRIAUX.		VALEURS DE L'EFFORT Qu'on peut faire supporter avec sécurité par mètre carré de section transversale.	
		CAS ORDINAIRE.	MATÉRIAUX DE CHOIX CONSTRUCTIONS LÉGÈRES.
Fonte	ponts de chemin de fer.	2,000,000	7,000,000
	ordinaire pour arbres de roues hydrauliques.	3,000,000	
	pièces ordinaires de machines.	7,000,000	
Fer forgé ordinaire et tôle idem.		6,000,000	8,000,000
Acier	de première qualité	16,000,000	22,000,000
	qualité moyenne	12,000,000	16,000,000
Bois	chêne très-sec.	800,000	1,000,000
	sapin, id.	600,000	800,000

N° 35. — PLANCHERS EN FER.

(Fig. 7 et 8, Planche 7.)

1° Dans la substitution du fer au bois, on donne aux solives en fer la forme d'un double T, leur écartement = 0,70 à 0,80 cent., leur hauteur varie entre le $\frac{1}{30}$ et le $\frac{1}{40}$ de leur longueur, la flèche donnée avant la pose est de $\frac{1}{200}$, les épaisseurs varient suivant les efforts à supporter, et comme ces solives sont soumises à un effort de flexion transversale (la formule est donnée au n°s 11 et 13), dans lequel on a pour la valeur de I ou moment d'inertie de la pièce ou de la section d'encastrement pris par rapport à la ligne des fibres invariables passant par le centre de gravité $v' = \frac{1}{2} b$ et d la distance de cette ligne la plus éloignée, on a

$$I = \frac{1}{12} a b^3 - 2 a' b'^3$$

Le tableau suivant contient les dimensions des profils des différents fers à double T à angles arrondis, du poids par mètre courant de ces fers et de leurs valeurs de I.

N° 36. — TABLEAU

CONTENANT LES DIMENSIONS DES PROFILS DES DIFFÉRENTS FERS A DOUBLE T A ANGLES ARRONDIS, DU POIDS PAR MÈTRE COURANT DE CES FERS ET DE LEURS VALEURS DE I.

DÉSIGNATION.	HAUTEUR b	HAUTEUR b'	LARGEUR a	ÉPAISSEUR e ou $a' - a'$	POIDS du mètre en kilogrammes	VALEUR DE I.
Providence.	0,100	0,088	0,043	0,005	9 »	0,000,001,42
			0,045	0,007	12 »	0,000,001,59
Montataire.	0,100	0,085	0,042	0,010	8 »	0,000,001,86
			0,047	0,015	11 5	0,000,002,28
Providence.	0,120	0,106	0,045	0,004	11 »	0,000,002,40
			0,050	0,009	15 »	0,000,003,12
Montataire.	0,120	0,104	0,047	0,005	10 »	0,000,002,73
			0,050	0,010	14 »	0,000,003,45
Providence.	0,140	0,126	0,047	0,006	14 »	0,000,003,91
			0,053	0,012	20 »	0,000,005,28
Montataire.	0,140	0,123	0,050	0,007	13 »	0,000,005,46
			0,055	0,012	18 »	0,000,005,91
Providence.	0,160	0,144	0,048	0,007	15 »	0,000,006,18
			0,053	0,012	25 »	0,000,007,88
Montataire.	0,160	0,142	0,055	0,007	16 »	0,000,009,21
			0,062	0,014	25 »	0,000,010,42
Providence.	0,180	0,162	0,055	0,008	20 »	0,000,010,07
			0,062	0,015	30 »	0,000,013,48
Montataire.	0,180	0,162	0,060	0,008	20 »	0,000,010,73
			0,067	0,015	30 »	0,000,014,13
Montataire.	0,200	0,181	0,065	0,008	22 »	0,000,015,16
			0,073	0,016	34 5	0,000,020,50
Providence.	0,220	0,200	0,064	0,009	26 »	0,000,020,04
			0,071	0,016	40 »	0,000,026,25
Montataire.	0,220	0,201	0,065	0,008	24 3	0,000,019,10
			0,073	0,016	37 5	0,000,026,20
Providence.	0,260	0,236	0,067	0,013	40 »	0,000,038,96
			0,074	0,020	58 »	0,000,049,21

Les valeurs de I étant déterminées, la formule sera donc pour les charges à faire supporter (voir le n° 21).

$$P = \frac{E\,3\,f\,I}{L^3}$$

N° 37. — **Exemple.** Un plancher en fer de 4 mètres de portée devant supporter une charge de 500 kil. par mètre carré, les solives étant écartées de 0,80, nous aurons 0,80 × 4 = 3 m. 20 c. × 500 = 1600 kil., pour deux solives, ce qui fait $\frac{1600}{2} = 800$ kilog. pour une seule, la charge étant uniformément répartie, nous aurons à prendre comme précédemment les $\frac{5}{8}$ ou $\frac{800}{8} \times 5 = 500$ kil. pour la charge du milieu produisant la même flexion, nous aurons donc pour le rapport de P la demi-charge = 250 kilog.

Quel sera donc le moment d'inertie capable de supporter la charge au milieu de 500 kilog. ou 800 kilog. uniformément répartis.

Puisque nous connaissons la charge à faire supporter, nous déterminerons le moment d'inertie par la formule au n° 21.

$$I = \frac{PL^3}{3 f (1) E}$$

$$\text{Ou bien } I = \frac{250 \text{ k.} \times 2^3}{3 \times 0{,}015 \times 10{,}000{,}000{,}000} = 0{,}000{,}004{,}44$$

On voit sur le tableau que ce nombre est compris entre ceux qui correspondent aux fers de 0,140 fers de la providence entre 391 et 528, dans lequel il faut se porter comme il a été dit plus haut au-dessus qu'en dessous, nous ne serons toujours pas éloignés, attendu qu'il ne faut pas omettre le poids du métal en supposant qu'il ne se trouve pas compris, on prendra donc 528.

Il sera donc toujours facile, en connaissant la charge à faire supporter, de trouver le fer convenable dans le tableau au-delà, on se reportera au tableau n° 11 des poutres en tôle qui sont données par la même formule.

N° 38. — 2° Pour avoir un emploi plus rationel de métal, afin d'obtenir de l'économie dans la totalité de la construction, le système (Fig. 7, Pl. 7) est appelé à rendre les plus grands services, car, tout en procurant de la résistance, il enchaîne les murs et évite les poussées par le système de dilatation libre, l'application de ces tyrans est au n° 23.

N° 39. — 3° Enfin un système de plancher aussi avantageux que le précédent, mais plus facile à employer, c'est le fer conique Zorès sur lequel j'en ferai un exemple à la suite du tableau suivant, contenant les douze profils des fers coniques Zorès à angles arrondis, de leurs poids par mètre courant, et de leur valeur de I.

N° 40. — TABLEAU

CONTENANT LES DOUZE PROFILS DES FERS CONIQUES ZORÈS A ANGLES ARRONDIS, DE LEURS POIDS PAR MÈTRE COURANT ET DE LEURS VALEURS DE I.

NUMÉROS d'ordre.	HAUTEUR b	HAUTEUR b'	LARGEUR a inférieur.	LARGEUR a'	LARGEUR a'' supérieur.	ÉPAISSEUR e des semelles.	ÉPAISSEUR supérieur e'	ÉPAISSEURS des joues e''	POIDS par mètre en kil^{os}.	VALEURS DE I
1	0,060	0,054	0,060	0,030	0,015	0,004	0,006	0,003	4 »	0,00000038
2	0,080	0,072	0,080	0,032	0,020	0,005	0,008	0,003	6 »	0,00000089
3	0,090	0,080	0,090	0,037	0,022	0,006	0,009	0,003 $\frac{1}{2}$	8 »	0,00000152
4	0,100	0,090	0,100	0,044	0,024	0,007	0,010	0,004	10 »	0,00000276
5	0,111	0,099	0,111	0,054	0,026	0,008	0,011	0,004 $\frac{1}{2}$	12 »	0,00000352
6	0,120	0,108	0,120	0,056	0,028	0,008	0,012	0,005	14 »	0,00000444
7	0,130	0,117	0,130	0,065	0,030	0,009	0,013	0,005	16 »	0,00000610
8	0,140	0,126	0,140	0,073	0,034	0,009	0,014	0,005 $\frac{1}{2}$	18 »	0,00000748
9	0,150	0,135	0,150	0,080	0,035	0,009 $\frac{1}{2}$	0,015	0,005 $\frac{1}{2}$	20 »	0,00001088
10	0,160	0,144	0,160	0,089	0,037	0,010	0,016	0,006	22 »	0,00001476
11	0,180	0,162	0,180	0,099	0,041	0,012	0,018	0,007	29 »	0,00002170
12	0,200	0,180	0,200	0,100	0,042	0,013	0,020	0,008	37 »	0,00003252

(1) $f = \frac{1}{300}$.

N° 41. — PROFIL N° 1, GRANDEUR D'EXÉCUTION.

Ces fers d'une grande particularité offrent une résistance supérieure aux fers à double T, ce qui le prouve, c'est que dans les expériences qui ont été faites en présence d'ingénieurs, officiers du génie, entrepreneurs, etc., les fers Zorès ont supporté le quintuple des fers à double T; les fers Zorès étaient alors de qualité supérieure. 1° Ce qui fera prendre pour la formule E = 18,000,000,000 au lieu de 10,000,000,000 pour les fers à double T, puis on voit dans ce puissant système que les moments d'inertie sont supérieurs aux fers à double T, ce qui s'exprime de plus à la résistance.

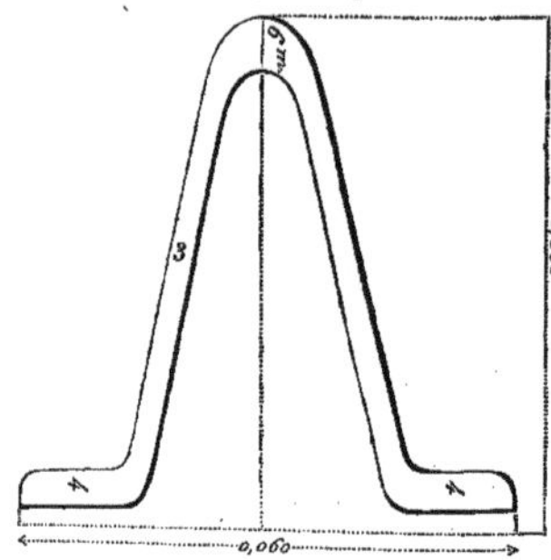

Nota. — Le moment d'inertie des fers à double T sont plus particulièrement pris dans les nervures que dans la hauteur de l'âme, ce qui constitue à une résistance moindre que les fers Zorès, qui, au contraire, sont pris plus particulièrement dans cette condition, ce qui se rapporte très-bien avec les expériences du n° 18; quant à la formule, elle est toujours la même pour le cas de flexion.

N° 42. — TABLEAU COMPARATIF DES 3 MODES DE PLANCHERS

AVEC POIDS ET PRIX AU KILOGRAMME ET PAR MÈTRE SUPERFICIEL PRIS DANS UN SENS ORDINAIRE, C'EST-A-DIRE POUR UNE CHARGE NORMALE DE 400 KIL. PAR MÈTRE CARRÉ, Y COMPRIS LE POIDS DU MÉTAL ET DE LA MAÇONNERIE, ETC.

Portées des solives 2L	Hauteur du profil ordinaire. N° 1.	Hauteur du profil composé. N° 2.	Hauteur du profil, fers Zorès N° 3.	Épaisseur finie. N° 1.	Épaisseur finie. N° 2.	Épaisseur finie. N° 3.	Poids du mètre superficiel. N° 1.	Poids du mètre superficiel. N° 2.	Poids du mètre superficiel. N° 3.	Prix au kilogramme. N° 1.	Prix au kilogramme. N° 2.	Prix au kilogramme. N° 3.	Prix du mètre superficiel. N° 1.	Prix du mètre superficiel. N° 2.	Prix du mètre superficiel. N° 3.	Maçonnerie. N° 1.	Maçonnerie. N° 2.	Maçonnerie. N° 3.	Prix total superficiel. N° 1.	Prix total superficiel. N° 2.	Prix total superficiel. N° 3.
3,00 à 3,50	0,100	0,100	0,080	0,180	0,180	0,160	14 »	16 »	12 »	0,45	0,50	0,50	6,30	8, »	6, »	3 »	3 »	3	9, »	11, »	9, »
3,50 à 4,20	0,120	0,100	0,100	0,200	0,180	0,180	16 »	16 »	16 »	0,45	0,50	0,50	7,20	8, »	8, »	3 »	3 »	3	10,20	11, »	11, »
4,20 à 5,00	0,140	0,120	0,120	0,220	0,200	0,200	19 »	18 »	20 »	0,45	0,50	0,50	8,55	9, »	10, »	3 »	3 »	3	11,55	12, »	13, »
5,00 à 6,00	0,160	0,120	0,140	0,240	0,220	0,220	20 »	18 »	23 »	0,45	0,50	0,50	9, »	9, »	12,50	3 »	3 »	3 »	12, »	12, »	15,50
6,00 à 7,00	0,180	0,160	0,160	0,260	0,240	0,240	25 »	23 »	25 »	0,47	0,53	0,53	11,75	11,50	12,50	3 »	3 »	3 »	14,75	14,50	15,50
7,00 à 8,00	0,200	0,180	0,180	0,300	0,260	0,260	29 »	25 »	36 »	0,47	0,53	0,53	13,63	12,50	18, »	3 »	3 »	3 »	16,63	15,50	21, »

Pour le chaînage parfait, il y aurait un supplément de 1 fr. 50 par mètre.

N° 43. — ARMATURE DES POUTRES EN FER A DOUBLE T.

(Fig. 8, Planche 7.)

Ces poutres, soumises à un effort de flexion transversale, peuvent facilement se calculer à l'aide du tableau n° 36, puis pour l'armature de ces poutres au moyen de plusieurs solives, il n'y a pas d'autres modes d'assemblages que ce puissant système de moisage avec frettes et croisillons intérieurs, ou bien entre-toisées et boulonnées.

On emploie peu de ces poutres d'une seule pièce sans intermédiaire de colonnes, soit en fonte, soit en fer, il sera donc nécessaire, avant de rentrer dans une autre partie, compléter celle-ci de ce qui peut être nécessaire à sa complication.

N° 44. — COLONNES EN FONTE ET EN FER.

Les supports isolés, tels que les colonnes en fonte et en fer, malgré les recherches théoriques des savants les plus distingués, et les expériences d'observateurs habiles, les lois qui lient la résistance et les dimensions sont encore très-peu connues, la théorie conduit à admettre que la résistance est proportionnelle à la quatrième puissance du diamètre et en raison inverse du carré de la hauteur, mais l'on ne possède pas d'expérience qui confirme cette conclusion ; je ne me bornerai donc à suivre que ce que la pratique générale conduit à admettre, d'après l'expérience d'une formule empirique qui puisse suffire pour les cas usuels avec les différentes valeurs de R, qu'elle limite également, et qui sont pour

La fonte R = 12,500,000 kilog. par mètre carré, ou
1,250 kilog. par centimètre carré
Le fer R = 6,000,000 kilog. par mètre carré, ou
600 kilog. par centimètre carré.

Les formules deviennent donc pour la pratique et pour les

Colonnes en fonte

$$P = \frac{1,250\ D^4}{1,85\ D^2 + 0,0043\ h^2}\quad h \text{ compris entre 25 et 120 fois D}$$

$$P = \frac{230\ D^4}{1,24\ D^2 + 0,00030\ h^2}\quad h \text{ excédant 30 fois D}$$

Colonnes en fer

$$P = \frac{600\ D^4}{1,97\ D^2 + 0,0006\ h^2}\quad h \text{ compris entre 25 et 120 fois D}$$

$$P = \frac{267\ D^4}{1,24\ D^2 + 0,00024\ h^2}\quad h \text{ excédant 30 fois D.}$$

la hauteur h et le diamètre D étant exprimés en centimètres, et la charge P en kilogrammes, ces formules sont d'une application facile pour calculer la charge que l'on peut faire supporter avec sécurité à des colonnes pleines en fonte ou en fer.

N° 45. — **Exemple** : 1° Quelle serait la charge que l'on pourrait faire supporter avec sécurité à une colonne pleine en fonte dont $h = 25$ fois D d'où l'on a D = 0,10, h = 2 m. 50, on a

$$P = \frac{1250\ D^4}{1,85\ D^2 + 0,0043\ h^2} = 27593 \text{ kilogr.}$$

2° Pour une colonne en fonte dont $h = 30$ fois D, d'où l'on a D = 0,20, h = 6 m.

$$P = \frac{230\ D^4}{1,24\ D^2 + 0,00039\ h^2} = 75518 \text{ kilogr.}$$

3° Pour une colonne en fer dont $h = 25$ fois D l'on a D = 0,10, h = 2 m. 50.

$$P = \frac{600\ D^4}{1,97\ D^2 + 0,0006\ h^2} = 25636 \text{ kilogr.}$$

4° Pour une colonne en fer dont $h = 30$ fois D, d'où l'on a $D = 0,20$, $h = 6$ m.

$$P = \frac{267\ D^4}{1,24\ D^2 + 0,00034\ h^2} = 85955 \text{ kilogr.}$$

M. Lowe a signalé qu'au-delà d'une hauteur égale à 30 fois le diamètre, les colonnes pleines en fer peuvent supporter des charges plus fortes que les colonnes en fonte.

N° 46. — COLONNES CREUSES EN FONTE ET EN FER.

Les formules précédentes ne s'appliquent pas très-commodément aux colonnes creuses, et pour calculer le diamètre de celles-ci, on admettra que la résistance d'une colonne creuse est égale à celle de la colonne pleine du diamètre extérieur, diminué de celle de la colonne pleine du diamètre intérieur, toutes deux étant de même hauteur, l'on sera obligé à des tâtonnements successifs pour trouver ces diamètres.

Lorsque la charge sera connue, on se guidera à l'avance aux considérations suivantes :

N° 47. — ÉPAISSEURS INFÉRIEURES CONVENABLES POUR LES COLONNES CREUSES EN FONTE.

L'épaisseur à donner aux colonnes creuses en fonte à une limite inférieure déterminée par la pratique de l'art du fondeur, et indépendantes des conditions de résistance, elle dépend un peu de la nature des fontes qui sont plus ou moins fluides, mais elle est principalement fixée d'après la longueur des pièces à couler, de manière à assurer l'égale répartition du métal autour du noyau, et la fixité de celui-ci, d'après ces conditions; les limites inférieures des épaisseurs du métal des colonnes en fonte creuses sont en général réglées ainsi qu'il suit :

Hauteur des colonnes . .	2 à 3 mètres	3 à 4 mètres	4 à 6 mètres	6 à 8 mètres	8 à 10 mètres
Epaisseurs inférieures en millimètres	0,010 à 0,012	0,012 à 0,015	0,015 à 0,020	0,020 à 0,025	0,025 à 0,030

Il conviendra donc de ne pas admettre d'épaisseur moindre que celle-ci toute les fois que les colonnes devront supporter des charges un peu fortes.

N° 48. — MARCHE A SUIVRE POUR DÉTERMINER LE DIAMÈTRE INTÉRIEUR DES COLONNES CREUSES EN FONTE.

La longueur h, ainsi que la charge qu'elle doit supporter étant connue, et celle-ci désignée par P, l'on se donnera, selon les convenances locales et les proportions que le goût suggérera, le diamètre extérieur de la colonne; puis d'après la formule du n° 44, on déterminera la charge P' qu'une colonne pleine de cette longueur et de ce diamètre pourrait supporter, il est clair qu'en nommant P'' la charge d'une colonne pleine de même hauteur, et dont le diamètre serait celui du vide cherché, on devra avoir

$$P'' = P' - P$$

ce qui permettra de déterminer le diamètre D'' du vide ou du noyau à l'aide de la formule n° 44, qui devient pour

La fonte $\begin{cases} P'' \dfrac{1{,}250\ D''^4}{1{,}85\ D''^2 + 0{,}0043\ h^2} & h \text{ compris entre 25 et 120 fois D} \\ P'' \dfrac{230\ D''^4}{1{,}24\ D''^2 + 0{,}00039\ h^2} & h \text{ excédant 30 fois D} \end{cases}$

d'où l'on déduit pour

La fonte $D'' = \sqrt{0{,}074 \times P + \sqrt{(0{,}074 \times P)^2 + 344 \times (P \times h^2)}} = R \times 2 = D''$ en millim.

Le fer $D'' = \sqrt{0{,}05 \times P + \sqrt{(0{,}05 \times P)^2 + 0{,}1 \times (P \times h^2)}}\ R \times 2 = D''$ également.

d'où l'on vérifiera que la différence D — D″ du diamètre extérieur au diamètre intérieur, n'est pas inférieur au double de la plus petite épaisseur que l'on puisse admettre eu égard à la hauteur de la colonne, et s'il en est ainsi, on pourra adopter les dimensions trouvées; si, au contraire, l'épaisseur se trouve au-dessous des limites fixées, il faudrait recommencer le calcul en donnant à la colonne un diamètre extérieur plus petit.

N° 49. — **Exemple.** Quel serait le diamètre intérieur d'une colonne creuse en fonte de 6 mètres de hauteur devant supporter je suppose 36,000 kilog., on a

$$D'' = \sqrt{0{,}074 \times P + \sqrt{(0{,}074 \times P)^2 + 344 \times (P \times h^2)}} = R \times 2 = D''$$

Ou bien

$$D'' = \sqrt{0{,}074 \times 36000 + \sqrt{(0{,}074 \times 36000)^2 + 344 \times (36000 \times 36)}} = 0{,}077 \text{ millim.}$$

D'où $D'' = R = 0{,}077 \times 2 = 0{,}154$ millim.

on aura donc pour épaisseur à donner une surface qui égale D″, d'où l'on a en prenant la limite donnée au n° 47, qui est de 0,020 millim.

On pourra vérifier si cette surface satisfait les conditions de la formule

$$P'' - P' - P \quad \text{d'où l'on a}$$

pour la fonte $\begin{cases} P'' = \dfrac{1250\ D''^4}{1{,}85\ D''^2 + 0{,}0043\ h^2} & h \text{ compris entre 25 et 120 fois D} \\ P'' = \dfrac{230\ D''^4}{1{,}24\ D''^2 + 0{,}00039\ h^2} & h \text{ compris à 30 fois D et au-dessus.} \end{cases}$

on aura, en sachant que $D'' = 0{,}0154$ millim. = à 40 fois D″, on prendra alors la première, d'où l'on a

$$\frac{1250\ D''^4}{1{,}85\ D''^2 + 0{,}0043\ h^2} = 32796 \text{ kilogr.}$$

Ce produit étant inférieur à 36,000 kilog., on prendra alors 0,160 millim. de diamètre, d'où la surface de de 0,020 d'épaisseur étant égale à D″, on aura la valeur cherchée dans une bonne condition, ainsi de suite.

Nota. — Cet exemple n'est que pratique, différemment, il faudrait recommencer le calcul jusqu'à ce que l'on ait atteint cette valeur.

Pour la colonne en fer on a également,

$$D'' = \sqrt{0{,}05 \times P + \sqrt{(0{,}05 \times P)^2 + 0{,}1 \times (P \times h^2)}} = R \times 2 = D''$$

Ou bien

$$D'' = \sqrt{0{,}05 \times 36000 + \sqrt{(0{,}05 \times 36000)^2 + 0{,}1 \times (36000 \times 36)}} = 0{,}063 \text{ millim.}$$

D'où $D'' = R = 0{,}063 \times 2 = 0{,}126$ millim.

l'on a également pour épaisseur à donner une surface égale à D″, d'où l'on a, en prenant la surface de $D'' = \pi R^2 = 0{,}039690$.

Je trouve, en prenant pour diamètre le milieu des deux épaisseurs que je prends ici à 0,010 millim., le diamètre est donc égal 0,135, d'où 0,135 × 3,14 =0423 millim., × 0,010 = 0,042390 à peu près égale, l'épaisseur sera donc de 0,010 millim , où l'on pourra vérifier si cette surface satisfait bien les conditions de la formule, en prenant pour diamètre D″, comme précédemment, on a

$$P'' = P' - P \text{ d'où l'on a}$$

$$\text{Pour le fer} \begin{cases} P'' = \dfrac{600\ D''^4}{1{,}97\ D''^2 + 0{,}0006\ h^2} & h \text{ compris entre 25 et 120 fois } D'' \\ P'' = \dfrac{267\ D''^4}{1{,}24\ D''^2 + 0{,}00034\ h^2} & h \text{ excédant 30 fois } D'' \end{cases}$$

on aura, en sachant que $D'' = 0{,}126$ mill., $h = 50$ fois D″, on prendra alors la deuxième formule, d'où

$$P'' = \frac{267\ D''^4}{1{,}24\ D''^2 + 0{,}00034\ h^2} = 30489 \text{ kilogr.}$$

sur lequel on aurait comme précédemment à recommencer le calcul, ce chiffre étant inférieur à 36,000 k., mais alors dans ce cas le praticien doit sentir ce qu'il lui faut, on ajoutera donc 0,002 millim. de plus au diamètre de la surface, ce qui égalera au lieu de 0,146 mill. de diamètre extérieur

$$D' = 0{,}150 \text{ millim. sur } 0{,}012 \text{ d'épaisseur } D'' \text{ étant égal à } 0{,}126 \text{ mill.}$$

N° 50. — PRIX POUR POITRAILS ET POUTRES ORDINAIRES EN FER A DOUBLE T.

Assemblés avec brides à croisillons, compris montage et pose, les 100 kil. . . . . 55 fr.

Colonnes pleines en fonte dite du commerce, idem 23

Frais de modèle à part.

Colonnes creuses sur modèle, idem 32

Frais de modèle à part.

N° 51. — PONT AMÉRICAIN.

(Pont treillagé pour chemin de fer, Planche 8.)

Ce Pont est formé de poutres de forme parabolique, c'est-à-dire en solide d'égale résistance en un point quelconque de sa longueur, et auquel la formule n° 12 des poutres en tôle sera employée également comme si elles étaient droites, moins le rapport du cisaillement qui s'exprime dans ce puissant système.

Les Figures 1 et 2 indiquent les dispositions et les dimensions données qui sont 15 mètres de portée entre les appuis et 9 mètres de largeur divisés en deux parties recevant :

Trois poutres de 18 m. 20 cent. de longueur chacune, ayant pour hauteur chacune au milieu 2 m. 0,22 et 1 m. 0,22, aux extrémités les nervures du sommet et de la base sont de 0,30 cent.

Vingt-deux entretoises de 4 m. 50 de longueur chacune sur 0,30 de hauteur, nervures de 0,15.

Quatre poutrelles ou supports de rails de 15 m. de longueur chacune, sur 0,30 de hauteur, nervures de 0,15 également, lesdites accouplées par paires sur les entretoises entre les nervures, à l'aide d'équerres d'assemblages et de plaques découpées, fixées dessus et dessous. Fig. 5 et 6.

6

Les épaisseurs des tôles pour les entretoises et poutrelles sont uniformes, c'est-à-dire en tôle de 0,010 mill. d'épaisseur, les cornières ont 0,080 de côtés et d'une épaisseur = 0,010, le diamètre des rivets égale 0,020 distancés de 0,090 mill. d'axe en axe.

Pour les poutres de rives les épaisseurs varient suivant la forme sur laquelle on établira une moyenne, ainsi, pour les deux poutres de rives, la partie basse de 0,60 est en tôle de 0,011, les nervures de dessous et dessus sont en tôle semblable mais doubles, les cornières de 0,080 de côtés sur 0,010, l'espace comprise entre 1 m. 40 cent. est un treillage en fer plat de 0,100 sur 0,110, assemblés et rivés : 1° sur des platines en tôles découpées; 2° sur les montants ou supports d'entretoises qui sont en fer T de 0,140 sur 0,080 extérieurement, et en cornière de 0,087 intérieurement, formant T également, mais recevant intérieurement les plaques verticales des tôles, Fig. 2 ; 3° et sur les rives horizontales des fers T également de 0,140 sur 0,080, le tout assemblé avec rivets du diamètre moyen = 0,020.

Quant à celle du milieu de forme en tout semblable mais sans treillage, c'est-à-dire pleine, v' étant au milieu.

Observation. — Aux extrémités de chacune des poutres, se trouvent également comprises les deux épaisseurs des nervures formées chacune en tôle de 0,011 doublées, contournées et rivées d'ensemble sur les montants, afin de réunir les deux efforts de traction et de compression, ce point est essentiellement important, attendu que le cisaillement se trouve, par ce moyen, presque neutralisé.

On aura donc, pour déterminer la valeur de I, afin de savoir si ces proportions satisfont bien avec la charge à supporter y compris le poids de sa construction qui est :

1° Pour le fer. . . .	3 poutres	4738 kil.	×	3	=	14214 kil.
	22 entretoises . . .	436 kil.	×	22	=	9592
	4 poutrelles. . . .	1500 kil.	×	4	=	6000
	60 mètres de rails . .	48 kil.	×	60	=	2800
	y compris les emboîtements en fonte.					
2° Pour le bois. . . .	Planchers en madrier. Chêne 135 mèt. carrés	100 kil.	×	135	=	13500
3° Salle.	135 mèt. carrés de salle hauteur, 0,25 centim.	450 kil.	×	135	=	60750
4° Charge additionnelle.	En supposant deux locomotives du poids de 100 tonnes, plus deux wagons de 20 tonnes					120000
			Total.			226956 kil.

Le poids total étant de 226,956 kilogrammes, et la charge uniformément répartie, en prenant pour la formule la demi-charge, on aura les $\frac{5}{8}$ de cette charge pour la charge du milieu d'où l'on a $\frac{226956}{8} \times 5 = 141,845$ k., poids produisant la même flexion, d'où l'on a pour la demi-charge $\frac{141845}{2} = 70922$ k. dans lequel cet effort est celui de la demi-charge des trois poutres réunies, pour une seule on aura donc $\frac{70922}{3} = 23,660$ kilog.

Si je cherche la valeur de I correspondant à cette charge, on aura pour la formule du n° 21.

$$I = \frac{PL^3}{3\,f\,E}$$

$$\text{Ou bien } I = \frac{70922 \text{ k.} \times 43687}{3 \times 0,025 \times 10,000,000,000} = 0,041,312,600$$

Le moment d'inertie étant de 0,041,312,600 pour les trois poutres, on aura donc pour une poutre

$\frac{0,041312600}{3} = 0,013,770,800$ dans lequel la demi-charge d'une poutre étant de **23,660** kilog., en connaissant la valeur de I de cette poutre, nous pourrons nous assurer si cette valeur est bien correspondante à la demi-charge par la formule

$$P = \frac{E\,3\,f\,I}{L^3}$$

$$\text{Ou bien} \quad P = \frac{10,000,000,000 \times 3 \times 0,25 \times 0,013770800}{43687} = 23641 \text{ kil.}$$

valeur qui se rapproche beaucoup de **23,660**, et que l'on peut considérer comme étant exacte pour des valeurs de ce genre.

Maintenant que nous connaissons la valeur de I de cette poutre et la charge ^2P à lui faire supporter, trouver la section d'un profil correspondant à cette valeur de I.

Dans ce cas on est obligé d'avoir recours à des tâtonnements successifs, selon la pratique du calcul ou du travail que l'on considère, ainsi on a pour la formule en représentant graphiquement le profil

$$I = \frac{1}{12}\left(a\,b^3 - 2\,a'\,b'^3 + a''\,b''^3 + a'''\,b'''^3\right)$$

dans lequel la ligne v' passant par le centre de gravité étant considéré au milieu, on a pour le profil ci-contre :

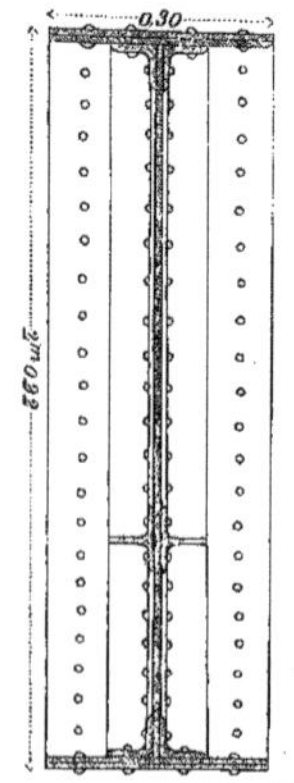

$$\text{Embase } I = \frac{0,30 \times 2,022^3}{12} - \frac{0,30 \times 1,978^3}{12} = 0,003,400,000$$

$$\text{Cornière } I' = 2 \times \frac{0,080 \times 1,978^3}{12} - 2 \times \frac{0,080 \times 1,950^3}{12} = 0,002,600,000$$

$$\text{Cornière } I'' = 2 \times \frac{0,010 \times 1,958^3}{12} - 2 \times \frac{0,010 \times 1,810^3}{12} = 0,002,800,000$$

$$\text{Aine } I''' = \frac{0,006 \times 1,978^3}{12} = 0,003,860,000$$

Total d'une poutre de vive. . . 0,012,740,000

Pour les deux, on aura . . . . 0,012,740,008 × 2 = 0,025,480,000

Plus, pour la poutre du milieu en tôle pleine de 0,011, on a

$$I''' = \frac{0,011 \times 1,978^3}{12} = 0,007,090,000$$

D'où l'on a, pour la poutre du milieu 0,015,970,000

Valeur de I total des trois poutres. 0,041,450,000

On voit que cette valeur est exacte, et que l'on peut, en toute sécurité, construire des poutres semblables dans les mêmes données sans que le coëfficient E soit altéré.

N° 52. — DES PORTÉES DES POUTRES SUR LEURS APPUIS.

La longueur de portée des poutres sur leurs appuis et la section transversale de ces poutres à l'aplomb du bord de ces appuis est d'une très-grande importance, car ces supports qui sont eux-mêmes susceptibles de céder sous les charges, ne doivent être soumis qu'à des efforts proportionnés à leurs résistances à l'écrasement, il sera donc nécessaire de suivre les règles du tableau qui sera donné plus loin pour la résistance des matériaux à la compression. Car en effet, il faut que la poutre, à l'endroit où elle porte, ait une section transversale capable de résister à cet effort qui tend à la couper en cet endroit, par le rapport du cisaillement, il suffira donc d'employer, comme il est d'usage, de fortes plaques de tôle ou de fonte qui couvrent une surface plus grande que celle que prendrait la poutre, car toutes les fois qu'il s'agira de poutres droites à section constante, la section dangereuse étant au milieu de la longueur, il n'y aura pas à se préoccuper de la résistance au cisaillement; mais pour les pièces de formes paraboliques pour lesquelles l'origine de la parabole devrait être à l'aplomb du bord de l'appui, il faudra donc, en sens contraire, prendre cet origine au-delà de ce point, c'est-à-dire à une longueur de portée d'appui sur les piles égales au $\frac{2}{3}$ de la hauteur de sa poutre en son milieu.

Le Tableau du n° **12** des poutres droites pourra servir à déterminer des formes paraboliques ou à section constante pour de plus petites portées. Pour de plus grandes, on les déterminera par les formules données au n° **21**.

N° 53. — PRIX.

Ces genres de constructions en fer ne sont spécialement disposées que pour les chemins de fer, et ne se font ordinairement aux prix de 60 à 65 fr. les 100 kilog., pose comprise.

On aura donc, en sachant que l'on a 29,806 kilog. de fer pour la construction seule, non compris les fers et supports de rails, à raison de 65 francs les 100 kilog., = 19.373 fr. 95 c.

Ou bien 145 fr. par mètre superficiel.

Ou encore à raison de 1987 fr. le mètre courant pour la paire de rails.

Charge du pont par mètre carré 1681 kilog., ce qui n'est pas excessif, nous verrons plus loin pour le rapport des ponts-routes.

N° 54. — TABLE DES CHARGES

QU'ON PEUT FAIRE SUPPORTER AVEC SÉCURITÉ A DIFFÉRENTS CORPS SOUMIS A UN EFFORT DE COMPRESSION PAR MÈTRE CARRÉ DE SECTION.

DÉSIGNATION DES CORPS.	DENSITÉ.	CHARGE DE SÉCURITÉ
Porphyre	2870 »	247000 »
Granit vert des Vosges	2850 »	62000 »
Grès dur blanc ou roussâtre	2500 »	87000 »
Liais de Bagneux (près Paris)	2440 »	44000 »
Roche d'Arcueil id.	2300 »	25000 »
Pierre de Conflans id.	2070 »	9000 »
Pierre tendre (lambourde), et vergelée résistant à l'eau	1820 »	6000 »
Lambourde de qualité inférieure résistant mal à l'eau	1560 »	2000 »
Calcaire dur de Givry	2360 »	31000 »
Brique dure très-cuite	1560 »	15000 »
Brique rouge	2170 »	6000 »
Brique anglaise ou flamande (tendre)	2170 »	2000 »
Plâtre gâché à l'eau	2170 »	5000 »
Plâtre gâché au lait de chaux	2170 »	7000 »
Mortier ordinaire en chaux et sable	1600 »	4000 »
Mortier en chaux hydraulique ordinaire	1600 »	7000 »
Mortier éminemment hydraulique	1600 »	4000 »

N° 55. — **Observations générales** sur les corps soumis à un effort poussés à la rupture. — Pour le complément de ces expériences, soit à rupture et autres détails, je renvoie le lecteur à d'autres ouvrages, soit MM. Poncelet, Morin, Fairbain, Rondelet et autres auteurs qui traitent ces genres de matériaux dans divers emplois de la construction, attendu que ce ne sont que des notes prises à cet égard pour faciliter l'appréciation des calculs sur l'emploi du fer et de la fonte spécialement.

N° 56. — CHARPENTES.

(Planche 9.)

APPLICATION AUX NOUVEAUX SYSTÈMES DE FERMES DE COMBLES AVEC ET SANS ENTRAITS.

Ces genres de constructions en fer s'expriment à la fois par leur élégance, leur économie, et par la sécurité qu'elles offrent, c'est-à-dire à l'épreuve de l'incendie.

Ainsi, pour la ferme fixe sans entrait modèle n° 1, on a une ferme à cintre surbaissé, reposant sur le sol ou appui et décrit de la manière suivante pour qu'elle soit dans de bonnes conditions.

L'intrados de cette ferme est formé d'un arc à trois centres, ayant pour hauteur du milieu les $\frac{2}{6}$ de la portée, l'extrados est formé d'un arc tangent au sommet et allant ainsi en augmentant reposer sur le mur d'appui ou colonne, dont la hauteur est le $\frac{1}{6}$ de la portée ou corde d'intrados, ainsi décrite :

Les compartiments se divisent en douze parties, dont les $\frac{4}{12}$ sont fixés fortement par de la tôle avec rivets réunissant les deux parties conjointement ensemble, on pourrait également l'adjoindre avec une clé boulonnée (voyez le détail).

Les autres $\frac{8}{12}$ sont formés de croisillons en fer plat fixés avec rivets également, les bielles sont en fer plat entre les cornières, recouvertes d'un fer à simple T de chaque côté pour former croix, disposé à recevoir un remplissage quelconque (lesdites bielles sont à l'alignement du grand axe). Aux extrémités se trouvent deux montants accouplés avec la ferme par le haut et par le bas, lesdits sont en même fer, c'est-à-dire en cornière double formant T, rivés d'ensemble à l'aide de contre-platines en tôle découpées disposées à recevoir aux deux assises une plaque de fer ou en fonte formant sabot.

Dans l'intervalle des bielles, l'espacement des croisillons étant assez éloigné, on aura soin, pour obtenir les efforts nécessaires, d'y ajouter des rondelles pour éviter toute déviation possible dans les cornières de dessous et de dessus.

La résistance de ces fermes est toujours égale à la demi-portée et à la demi-charge, et qui se déduisent facilement par le parallélogramme (n° 30) pour les paraboles, en sachant que ces pièces ne sont soumises qu'à des efforts soit de traction ou de compression.

Ainsi, on aura donc, en supposant pour la ferme n° 1, $^2L = 25$ mètres de portée, devant supporter une couverture en ardoises du poids de 40 kilog. par mètre carré, en sachant que l'écartement $e = 4$ m., l'effort à supporter dans les deux intervalles étant égal à $2\frac{1}{2} = 4$ mètres.

D'où l'on a, surface carrée $= 110$ mètres carrés de développé, d'où l'on a à ajouter : 1° le poids de la construction qui est pour la ferme 800 kilog., pour les pannes 200 k., couverture, 50 kilog., celui d'une couche de neige de 25 cent., ou 25 kilog. par mètre carré, et la pression d'un vent de 15 à 20 mètres de vitesse $= 50$ kilog. par mètre carré.

On aura donc, pour la charge totale des deux arbalétriers $= 13750$ kilog. ou 125 kilog. par mètre carré, pour la demi-charge on aura $\frac{13750}{2} = 6875$ kilog.

D'où l'on a, pour le premier terme de compression en élevant le parallélogramme y à une échelle de 0,001 pour 1000 kilog. $y = 9000$ kilog. de compression, et pour le second $y' = 12600$ k. de compression.

On a pour le rapport des deux arcs en faisant la somme de ces deux valeurs $= 21,600$ kilog. de compression totale, en sachant que l'on a toujours les valeurs de R de résistance à la compression admissible avec sécurité pour le fer R = 6,000,000 par mètre carré ou 6 kilog. par millim. carré, que je prends pour unité de surface, on aura donc $\frac{21600}{6}$ = surface s = 0,003,600, comme cette compression ne s'exerce que sur les cornières, on aura donc, en cherchant quelle serait les quatre cornières qui reproduiraient ensemble la surface de 0,003,600, je trouve que la cornière de 0,065 de côté sur 0,007 mill. d'épaisseur serait le fer qui reproduirait exactement cette valeur, ainsi

$$0,065 \times 2 = 0,130 \times 0,007 = 0,000,910 \times 4 = 0,003640,$$

il sera donc toujours facile, en connaissant les charges à faire supporter, de trouver les proportions des fers nécessaires.

Quant aux croisillons, bielles, etc., montants et tôles, pour ne pas disproportionner les fers, la pratique admet les mêmes largeurs et épaisseurs que les cornièree.

Quant au diamètre des rivets, il se détermine en divisant la charge ²P par le nombre de croisillons, divisé par 6 kilog. et prendre un diamètre reproduisant cette surface.

Exemple. — Pour cette ferme, la charge étant de 13750 kilog., et le nombre de croisillons égal à 12, on aura

$$\frac{13750 \text{ k}}{12} = 1145 \text{ k. d'où } \frac{1145 \text{ k}}{6} = S = 0,000190$$

$$\text{D'où } D = R = \frac{0,001,190}{3,14} = \sqrt{0,000,060} = 0,0080 \times 2 = 0,016 \text{ millim.}$$

$$D = 0,016 \text{ millim.}$$

N° 57. — FERME A QUATRE PENTES, MODÈLE N° 2.

On a pour le tracé de cette Ferme un arc de cercle décrit de la manière suivante :

²L étant égal à 15 mètres de portée, la hauteur de l'arc sera le $\frac{1}{5}$ de la portée, soit 3 mètres, lequel arc se divise en quatre parties qui sont de 4 m. 10 chacune, à laquelle on donne une flèche de courbure égale à 0,01 cent. par mètre, puis l'on y pratique une tringle de tension munie d'une bielle pour la jonction du milieu. L'assemblage se fait à l'aide de platines rivées ou boulonnées sur les arbalétriers qui se trouvent maintenus ensuite par les trois tendeurs fixés à la partie inférieure des bielles sur les platines découpées.

Mais ces arbalétriers ne peuvent recevoir plus d'une panne dans chaque espacement, en supposant qu'ils aient à supporter de la tuile Muller, et auxquels on serait obligé de faire un lattis en cornière espacé de 30 cent. Il suffira donc, dans ce cas, d'y adjoindre des arcs en fer plat ou à simple T, fixés aux extrémités inférieures des bielles et rivées et boulonnées sur les arbalétriers, ce qui les rendra plus solidaires tout en se prêtant à l'ornementation (voyez le détail).

On aura donc, pour les dimensions des fers à employer dans cette construction, qui n'est composée que de cornières en T tringles et fer plat, et en supposant qu'elle ait à supporter de la tuile Muller pesant 38 kilog. par mètre carré, et en espaçant les fermes de trois mètres, auquel on a pour l'effort à supporter étant égal à 2 $\frac{1}{2}$ = 3 m. ou 50 m. carrés, et en supposant le poids de la construction qui est pour la ferme 600 kilog., et pour les pannes espacées de 30 cent. = 65 pannes × 10 = 650 k., plus la couverture en tuile = 38 kilog. le mètre, celui d'un vent de 12 à 15 mètres de vitesse = 25 kil. le mètre idem, et celui d'une couche de neige de 25 cent. = 25 kilog., formant ensemble 6696 ou 122 kilog. par mètre carré, la demi-charge étant de 3348, nous aurons pour la pression de la demi-charge en élevant le paralllogramme y = à 7000 kilog., ce qui nous donne pour la section des cornières $\frac{7000}{6}$ $= s = 0{,}001166$ = cornières de 0,065 de côté sur 0,007, et pour la sect. des tirans $T = \frac{7000}{6} = 0{,}001166$ en sachant qu'il y en trois on a $\frac{0{,}001{,}166}{3} = 0{,}000389$, d'où $\pi R^2 = 0{,}000389$ pour chacun des tyrants, d'où

$$D = R = \frac{0{,}000389}{3{,}14} = 0{,}000123 \text{ d'où } R = \sqrt{0{,}001{,}123} = 0{,}011 \text{ d'où } D = R \times 2 = 0{,}022 \text{ mill.}$$

Pour la section des 4 tirants t' fixés à chaque compartiment, on aura la division de la charge totale $\frac{6696}{4} = 1674$ kilog., dans laquelle la demi-charge est $\frac{837^k}{6} = S = 0{,}000139$, d'où $\pi R^2 = 0{,}014$ millim. de diamètre, pour la section des trois arcs on aura la division de $\frac{6696}{3} = \frac{2232}{6} = S = 0{,}000372$ pour chacun, on aura pour le fer plat 0,014 sur 0,030, sur lequel on pourra prendre la largeur de la cornière, c'est-à-dire 0,014 sur 0,065, pour le fer T également, et ainsi de suite comme à la précédente, mais avec sabot en fonte, si c'est un mur.

N° 58. — **Observation.** On remarquera que les fers ronds laminés que l'on emploie généralement, ne sont pas toujours éprouvés avec soin, et il en peut résulter des accidents d'autant plus graves, que la stabilité des Fermes de ce genre dépend en très-grande partie de la résistance du tirant, il sera donc préférable, quand l'on ne connaîtra pas parfaitement la nature du fer que l'on emploiera, de lui donner un diamètre supplémentaire au calcul.

Comme cette observation sera d'usage pour toutes les Fermes de la planche 9, on remarquera aussi que les pièces courtes, les jonctions des tirants soit à vis soit à œil forgé, les tourillons, les tenons, les ergots, les goujons, les clavettes, les embrayages, etc., sont sollicités à rompre par un mouvement tangentiel aux surfaces de rupture la pièce même d'une certaine longueur, pressée sur deux points d'appui, et qu'une force appliquée d'une manière quelconque sur leur longueur fait fléchir, ont auprès des points d'appuis une tendance à rompre par glissement, de sorte que pour les rendre d'égale résistance, il faut leur donner en ces points d'appuis, une certaine épaisseur supplémentaire, au lieu de leur assurer partout le même profil, dit d'égale résistance.

N° 59. — FERMES A DEUX PENTES, MODÈLE N° 3.

Cette Ferme, d'une forme toute particulière, se trace au moyen d'une ligne horizontale M N servant de base et de longueur suivant la portée ²L égale je suppose 25 mètres, on aura pour la hauteur de la perpendiculaire abaissée au milieu le $\frac{1}{5}$ de la portée = 5 mètres ou bien 22°. De ce point, on mène les deux parallèles $s\ m$ et $s\ n$ auxquels on donne, avant la division, une ligne de courbure égale à $\frac{1}{40}$ de la portée des arbalétriers.

Ensuite je détermine le point de centre des tirants et du faux entrait en prenant pour hauteur une longueur égale à une des divisions soit M O = 3 m. 40 que je porte à partir de la base de la perpendiculaire abaissée au milieu.

Cette opération ainsi faite, j'abaisse les perpendiculaires des trois bielles de chaque côté, le poinçon est déterminé par le centre.

Je mène ensuite les lignes suivantes à ces points de rencontre qui me forme l'ensemble de cette Ferme.

Elle se construit en fer à double T(1), à larges nervures pour les arbalétriers, et de tirants à vis pour en régler la tension.

Cette Ferme se calcule également par le parallélogramme, ainsi, en supposant une couverture en zinc nº 14 et voliges clouées sur des tasseaux en chêne fixées avec vis sur les nervures des pannes en fer à double T également assemblées avec des équerres boulonnées.

On aura $^2L = 25$ mètres, écartement $e = 4$ m. deux demi-portées $= 4$ m. développement $27{,}20 \times 4 = 108$ m: 80 carré $\times$ 60 kilog. $=$ 6528 kilog., y compris le poids de la construction, qui est pour la Ferme 800 kil., 18 pannes 600 kil., celui de la couverture, compris la volige, 15 kil. le mètre carré, la pression d'un vent de 12 à 15 mètres de vitesse $=$ 25 kilog. par mètre idem, et celui d'une couche de neige de 25 cent. $=$ 25 kil. idem.

On aura donc en prenant la demi-charge $=$ 3264 kil. en élevant le parallélogramme $y = 9000$ kil., ce qui nous donne pour la section des arbalétriers et des tirants $\frac{9000}{6} = s = 0{,}001500$, sur lequel on a les fers double T de 0,120 sur 0,050 et sur 0,008 pour les arbalétriers.

Pour les tirants, en sachant qu'il y en a deux dont un composé de deux obliques et un horizontal on aura pour la section des trois obliques les $\frac{2}{3}$ de $\frac{0{,}001500}{3} \times 2 = \pi\ R^2 = 0{,}001000$ d'où $R = \frac{0{,}001000}{3{,}14} = \sqrt{0{,}000310} = 0{,}018$ millim.

$$\text{D'où } D = R \times 2 = 0{,}036 \text{ millim.}$$

le poinçon étant en fer carré, on aura pour les deux efforts à supporter

$$\sqrt{0{,}001000} = 0{,}032 \text{ millim. pour le côté du carré,}$$

pour le tirant horizontal $\pi\ R^2 = 0{,}000500$, d'où $R = \frac{0{,}000{,}500}{3{,}14} = \sqrt{0{,}000150} = 0{,}012$

$$\text{D'où } D = R \times 2 = 0{,}024 \text{ millim.}$$

Quant aux tirants T′ T″, qui sont inférieurs, on prendra pour le premier T′ égal à la demi-charge de l'arbalétrier ou

$$\frac{9000\ k}{2} = 4500 \text{ k., d'où } \frac{4500\ k}{6} = 0{,}000750\ \ \pi\ R^2 = 0{,}000750$$

$$\text{D'où } R = \frac{0{,}000750}{3{,}14} \sqrt{0{,}000238} = 0{,}015 \text{ mill. } D = R \times 2 = 0{,}030 \text{ mill.}$$

$$\text{pour } T'' \text{ on a } \frac{9000\ k}{4} = 2250 \text{ k., d'où } \frac{2250}{6} = 0{,}000375$$

$$\pi\ R^2 = \frac{0{,}000375}{3{,}14} = \sqrt{0{,}000110} = 0{,}013 \text{ mill., d'où } D = R \times 2 = 0{,}026 \text{ mill.}$$

Les bielles sont en fer à croix renflée par le milieu pour les éviter de fléchir, on aura pour la section de ces fers en sachant qu'ils sont soumis à un effort de compression qui égale T′ T″ et pour les deux autres on a pour la surface de T′ 0,000750, et pour T″ 0,000375, et que l'on déduira par la formule suivante pour le carré $\sqrt{0{,}000750} = 0{,}027$ millim. de côtés, et pour T″ $\sqrt{0{,}000375} = 0{,}020$ mill. idem, et pour le fer à croix il suffira de chercher une surface égale à T′ et T″, c'est-à-dire du carré.

Ces bielles sont en fer T simple étiré et assemblées d'ensemble au moyen de rivets, sur lesquelles, pour l'ornementation, on pourra dépasser cette limite de $\frac{1}{4}$. Quant au renflement du milieu il est supplémentaire à la section, il faudra donc prendre cette surface aux collets.

(1) Les arbalétriers pourraient être en cornières pour de plus petites portées, alors elles seraient fixes. Il serait donc préférable, dans ce cas, d'employer la figure 4, dont les assemblages ne sont qu'un entrelacement que je détaillerai plus loin.

Observation sur le tirant T qui, au lieu d'être horizontal est relevé vers le faîte pour éviter l'entrait, ce qui en donne la forme plus gracieuse et plus commode, attendu que le moment de tension de ce tirant relevé par rapport au faîte, est égal au moment du tirant horizontal ou entrait, par rapport au même point, puisque l'un doit comme l'autre, faire équilibre à la réaction du support ou du mur qui tend à faire tourner l'arbalétrier autour du faîte.

N° 60. — FERME A DEUX PENTES, MODÈLE N° 4.

Cette Ferme se fait de même que la précédente en prenant pour hauteur le $\frac{1}{5}$ de la portée ²L ou à 22° et en donnant une flèche de courbure égale à $\frac{1}{40}$ de la partie des arbalétriers, puis les quatre divisions étant opérées, on obtient ainsi les projections des lignes en suivant :

1° *a* et *b* où on détermine la longueur du poinçon pour les deux tirants *s m* et *s n*. Le point de rencontre *o* détermine la longueur des bielles où l'on mène ensuite *o r* parallèle à l'arbalétrier, auquel on réunit les lignes à *o r*, puis d'une longueur égale à *o s*, je détermine le troisième point de mon arc *f;* à l'aide de ces trois points, je détermine le centre du rayon qui donne la console *f i k*, la double tension étant donné à *k l a*, sert à former le croisillon et à doubler ainsi toutes les tringles entre elles, ainsi l'on a

Pour les deux arbalétriers en fer cornières accouplées et maintenues par des équerres rivées disposées à recevoir les pannes;

Pour les consoles également en même fer et accouplées idem, assemblées avec empattements boulonnés;

Pour le faux entrait *a* et *b*, tringle double à œil forgé de chaque bout et boulonné pour les deux tirants *s m* et *s n* même tringle doublée, idem ;

Les deux tirants *f m* et *f n* même tringle doublée, idem;

Les tensions des arbalétriers *r'* à *o'*, tringle même grosseur mais simple, à œil forgé et boulonné également.

La tension du milieu de *k l a*, également même tringle simple, idem.

Les bielles sont en fer carré forgé, à empattements en T boulonnés entre les cornières et à fourchette et à goupille assemblant les croisements des cordes.

Le poinçon est en même fer, assemblé au sommet par une paire de plaques de tôle découpées et boulonnées, et également au bas pour la jonction du centre.

A cette Ferme, l'assise est à scellement dans le mur d'un côté et à sabot en fer boulonné sur le palier de la colonne en fonte de l'autre.

Comme cette Ferme est disposée pour toutes espèces de couvertures, je prendrai pour exemple la tôle ondulée ou cannelée galvanisée, pour démontrer les dispositions à suivre pour le placement des pannes dans ce genre de couvertures. Exemple :

Pour la couverture en tôle cannelée, comme il n'y a pas de voligeage, on est obligé de rapprocher les pannes à une distance limitée qui est de 0,70 à 1 mètre au plus, et comme ces couvertures sont légères, on peut donner une longueur de pannes de 5 à 6 mètres de portée, formés d'un fer à T simple de 36/40 millim. de la Providence bien dressé et auquel on donne une flèche de courbure de $\frac{1}{200}$ puis au milieu ou aux $\frac{2}{3}$ de la portée ou même aux $\frac{3}{4}$, suivant la longueur on dispose de une, deux ou trois bielles en fer carré également à fourchette, assemblées avec rivet sur le fer à T et à œil forgé par le bas, fendu et rapproché pour le passage de la tringle de tension qui est à œil forgé de chaque bout et fixées avec rivets, idem.

La longueur de ces bielles varie entre le $\frac{1}{20}$ et $\frac{1}{30}$, et se calculent comme les solides ou poutres du n° 23.

En supposant pour le fer $^{2}L = 15$ mètres de portée, et pour l'écartement $e = 6$ mètres, deux demi-portées = 6 mètres, superficie développée 17 m. × 6 = 102 m. carrés × 60 = 6120 kil., y compris le poids de la construction qui est de 1200 kil., plus la pression d'un vent de 10 à 12 mètres de vitesse = 20 kilog., et celui d'une couche de neige de 25 cent. = 25 kil., idem.

On aura donc pour la valeur du parallélogramme en prenant la demi-charge = 3060 kil. $y = 6500$ kil., sur lequel on a pour la section des cornières accouplées $\frac{6500}{6} = s = 0{,}001083$ = cornières de 0,045 de côtés sur 0,006 millim.

Et pour la section des tirants on a $\frac{0{,}001083}{6}$ en sachant que l'horizontal $a\ b$ en a deux, que les deux obliques $s\ m$, $s\ n$ en ont deux, et que les deux composantes des consoles en ont deux, plus les deux consoles en cornières accouplées, et en les supposant égales à deux, on a donc 0,000180, d'où l'on aura pour le diamètre de chaque section $\pi\ R^2 = \frac{0{,}000180}{3{,}14} = \sqrt{0{,}000{,}057} = 0{,}008$ d'où $D = R \times 2 = 0{,}016$ millim. la composante $f\ m = 0{,}016$ millim. également.

Les bielles à la compression égale = 0,032 millim.

Quant à la console, elle supporte la demi-charge d'un arbalétrier $= \frac{3250}{6\ k} = s = 0{,}000541$ = aux cornières de 0,045 de côtés sur 0,006 millim. d'épaisseur.

La tension des deux tirants de l'arbalétrier qui sont $R'\ o'$ et $K\ l\ a$, sont respectivement égaux aux efforts des tirants correspondants $a\ b$, $s\ m$, $s\ n$, $f\ m$, = aux $\frac{2}{3}$ de 6,500 kilogr., ce qui égale 4,432, en prenant la demi-charge qui est de $\frac{2216}{6} = 0{,}000369$ ou 0,000184 pour chacun, en sachant qu'il y en a deux ou $\pi\ R^2 = \frac{0{,}000184}{3{,}14} = \sqrt{0{,}000057}$ d'où $R = 0{,}008$, $D = R \times 2 = 0{,}016$ mill. pour chacun des tirants $R'\ o'$ et $k\ l\ a$.

N° 61. — FERMES A DEUX PENTES, MODÈLE N° 5.

Cette Ferme est disposée dans sa forme parabolique, pour ses arbalétriers, pour des couvertures, soit en tuiles, soit en tôles, et également sa pente est de 22°, elle peut en avoir davantage, nous aurons donc, en supposant une couverture en tuiles $^{2}L = 25$ m. $e = 3$ m. deux demi-portées = 3 mètres, superficie développée, 81 mètres carrés.

Ou 81 mètres × 115 kilog. = ^{2}P ou 9315 kil. pour le poids total, comme précédemment la demi-charge étant de 4657 kil., le parallélograme $y = 11000$ kilog.

On aura pour la section de la parabole et du tirant horizontal, en prenant la valeur de $R = 6{,}000{,}000$ ou 6 kil. par millim. carré de section

$$\frac{11000}{6} = S = 0{,}001833$$

La formule nous donne pour la parabole les $\frac{5}{8}$ de la demi-charge de chaque arbalétrier = 4060 kil., d'où l'on aura pour la valeur de I

$$I = \frac{PL^3}{3\ E} = 0{,}000148372 \text{ (Voir le n° 21).}$$

Ce qui nous donne une hauteur au milieu de 1 sur 0,100 et d'une épaisseur d'âme égale = 0,004, ce qui correspond à des cornières de 0,045 de côté sur 0,006 millim., et au fer plat de 0,050 sur 0,010 fixées avec rivets de 0,012 millim. le milieu, et les extrémités sont assemblées par de la tôle de même épaisseur pour les assises, et l'assemblage du sommet d'une part, et l'assemblage du tirant horizontal de l'autre. Pour la section du tirant on a $s = 0{,}00{,}1833$

$$\text{D'où } \pi R^2 = \frac{0{,}001833}{3{,}14} = \sqrt{0{,}000580} = 0{,}024 \text{ d'où } D = R \times 2 = 0{,}048 \text{ mill.}$$

On aura pour les pannes les cornières espacées de 30 cent. de dimension de 0,050 sur 0,007, fixées avec boulons sur des équerres rivées sur les arbalétriers.

Puis, pour le dessous, comme il n'y a pas de semelles, on ajoutera entre les intervalles et à l'alignement des équerres, des plaques de tôle de même épaisseur fixées avec rivets.

N° 62. — FERMES SUPPORTANT PLANCHER, N° 6.

Ces genres de Fermes se présentent très-souvent dans les planchers de lambrissées ou dans les ateliers auxquels on place des arbres de couches.

On aura donc, en supportant une portée ²L = 12 m. 50 cent. d'un écartement $e = 4$ mètres, dont deux demi-portées = 4 m. ou 56 mètres de superficie développés.

Et en supposant le poids de la construction et de la couverture en zinc n° 14 à 20 kilog. par mètre, la pression d'un vent de 12 à 15 mètres de vitesse = 25 kil., celui d'une couche de neige de 25 cent. = 25 kil.

Plus, en supposant le tirant horizontal comme devant supporter une charge de 500 kilog. par mètre courant ou 4250 kil. uniformément répartis = 56 m. × 195 kil. = 10920 kilog.

La demi-charge étant de 5460 kil., le parallélogramme y

$$y = 14000 \text{ kilog.}$$

on aura donc pour la section de l'arbalétrier et celle du tiran

$$\frac{14000}{6} = S = 0{,}003233$$

en supposant que l'un et l'autre soit en cornière accouplés.

On aura les cornières de 0,068 de côtés sur 0,009 d'épaisseur assemblées d'ensemble pour le sommet et les appuis par des platines en tôle d'égale épaisseur, recouvert de plaques de chaque côté pour donner à la partie comprimée une surface de section égale à la section du tirant (voir le n° 26).

Pour les rivets, en supposant le diamètre de ceux-ci = 0,016 mill., on aura donc à placer à chaque extrémité pour former l'effort de la demi-charge de 7000 k. en sachant que chacun des rivets résiste à l'effort du carré de sa surface qui est $\pi R^2 \times 6\text{ k.} = \frac{7000}{6} = \frac{0{,}001666}{8} = \sqrt{0{,}000208} = 0{,}016$ millim. $\times 8 = 0{,}002{,}009$, on aura donc 8 rivets du diamètre de 0,016 placés en quinconce à chaque extrémité.

Plus, pour former les bielles des arbalétriers ou supports de l'horizontal, on dispose d'un certain nombre de montants verticaux en fonte en forme de croix renflés par le milieu, ou bien en fer T simple doublés également pour former croix, et de tirants en fer méplat ou rond (dans le sens de la Fig. 6.)

Ces montants sont calculés comme les colonnes en fonte ou en fer, et devant supporter dans ce cas comme il y en a sept $= \frac{14{,}000}{7} = 2000$ kilog.

On a pour la formule pour trouver le diamètre de la fonte ou du fer auquel on pourra déduire une forme en croix quelconque, ayant la même surface de section (voir le n° 44), dans lequel on a pour

La fonte $D = \sqrt{0{,}074 \times 2000 + \sqrt{(0{,}074 \times 2000)^2 + 344 \times (2000 \times h^2)}}$ ou 2,20ᵐ de longueur moyenne pour tous.

D'où $D = R = 0,033 \times 2 = D = 0,066$ millim.

Pour le fer $D = \sqrt{0,05 \times 2000 + \sqrt{(0,05 \times 2000)^2 + 0,1 \times (2000 \times h^2)}}$ ou $2,20^2$ idem.

$D = R = 0,033 \times 2 = D = 0,066$

Ces montants ou supports sont préférables en fer à double T formant croix, également renflés par le milieu pour les éviter de fléchir, et en leur donnant cette même surface qui diffère peu de celle de la fonte, mais résiste mieux au choc ou à toute autre action transversale, et l'assemblage s'en fait plus commodément.

Quant aux tirants obliques, ils résistent aux effets de traction des deux rapports, mais principalement à celui de l'horizontal, et ont par conséquent la même section.

c'est-à-dire $\frac{2000}{6} = S = 0,000333$ d'où l'on a

Pour le fer carré $\sqrt{0,000333} = 0,018$ millim. pour le côté du carré,

Pour le fer rond $\pi R^2 = \frac{0,000333}{3,14} = \sqrt{0,000106} = R = 0,010 \; D = R \times 2 = 0,020$ mill.

Pour le fer méplat $= 0,035$ sur $0,012$ millim.

N° 63. — FERME A CINTRE SURBAISSÉ, N° 7.

Cette Ferme, formée d'un arc surbaissé, c'est-à-dire à la hauteur également du $\frac{1}{5}$ de la portée ${}^2L$, est disposée pour des couvertures légères soit en tôle cannelée ou autres, les arbalétriers sont en fer cornières accouplées pour recevoir les trois tendeurs intermédiaires soutenant trois bielles, et les trois tendeurs principaux qui sont doubles maintenant également trois bielles, même disposition que la Fig. 4.

On aura donc, en supposant que cette Ferme ait à supporter une couverture en tôle de 6 kil. par mètre carré, celui d'un vent de 8 à 10 mètres de vitesse, soit 12 kil., et celui d'une couche de neige, id., l'écartement $e = 5$ mètres, et la portée ${}^2L = 12$ m. 50 cent., plus le poids de la construction 600 kil., on aura 70 mètres carrés développés $\times$ 40 kilog. $= 2800$ la demi-charge étant de 1400 $y = 4500$.

La section des arbalétriers sera donc $\frac{4500}{6} = s = 0,000750$ millim. correspondant aux cornières de 0,040 de côtés sur 0,005.

Pour les trois tendeurs principaux qui sont doubles, on aura pour le diamètre de chacun $\frac{0,000750}{6} = 0,000125$, d'où

$$\pi R^2 \frac{0,000,125}{3,14} \sqrt{0,000039} = R = 0,006 \; D = R \times 2 = 0,012 \text{ millim.}$$

les trois autres étant correspondants on emploiera les mêmes diamètres mais simples.

Nota. Ces diamètres étant calculés pour qu'il n'y ait pas d'autres ajustements que la partie de l'œil qui doit être forgée; quant à la jonction des bielles elles sont à circulation libre, c'est-à-dire à fourchette, dépassant d'une longueur nécessaire pour recevoir une goupille de 0,008 millim, et à pattes en T de l'autre fixées entre les cornières.

N° 64. — Ces données précédentes sont suffisantes pour établir une Ferme quelconque à une portée et à une charge donnée ; si les portées étaient plus petites, on prendrait les numéros 8, 9, 10 et 11, dans lesquels les numéros 8 et 9 sont compris entre la précédente et les numéros 3 et 4, les numéros 10 et 11, par l'arc de la

Figure n° 1, correspondant aux deux efforts, et en prenant l'axe du grand arc pour ordonnée du rayon, donnant la résultante du parallélogramme *y*.

1° Observation. Les figures 10 et 11 sont construites en fer à simple T seulement et assemblées avec des platines en tôle et supports en fer plat.

2° Si l'on avait une calotte sphérique ou bien une ellipse, on établira le parallélogramme perpendiculairement au sommet, à cause du mouvement de flexibilité qui s'opère dans leur longueur, et qui n'est plus compressible que par ce moyen.

Mais si, au contraire, elles étaient droites, en forme de pyramide, par exemple, pour des édifices ou monuments d'église, etc., on les calculerait comme les colonnes, en tenant compte également du parallélogramme pour obtenir la valeur de l'angle.

3° L'assise des fermes a lieu au moyen de sabots en fer ou en fonte garnis de leurs ancres ou bien à scellement dans le mur, et avec vis ou boulons sur des paliers en fonte ou en bois.

N° 65. — Les prix de constructions de charpentes en fer varient suivant les portées, sur lesquels on prendra *à priori* sur les genres de ces données, et sur lesquels on formera trois classes au kilogramme, au prix moyen, comprenant toute main-d'œuvre d'ajustement, levage ou montage et pose à toute hauteur, qui sont pour les fermes n°s 1, 2, 3, 4, 5, 6, 7, 8, 9, 10 et 11, jusqu'à 10 mètres de portée, avec deux ou quatre croupes, le kilogramme. . . . . 1 fr. 30 c.

Idem n°s 1, 2, 3, 4, 5, 6, 7, de 10 à 20 mètres de portée, le kilogramme. . . . . » 90

Idem n°s 1, 3, 5, 6, de 20 à 50 mètres et au-dessus, le kilogramme. . . . . » 80

On peut encore remplacer ces prix par des forfaits ou bien au mètre superficiel, qui sont pour des couvertures légères en zinc ou en tôle galvanisée, y compris les tasseaux en chêne pour recevoir la volige pour le zinc seulement, le mètre superficiel développé. . . . . 8 »

Idem pour couverture en tôle cannelée galvanisée. 8 »

Idem pour couverture en tuile. . . . . 10 »

Le mètre superficiel de tasseaux en cornières, remplaçant la volige, fixés avec vis sur les pannes ou chevrons, pour recevoir la tuile dite Muller spécialement. . . . . 10 »

Nota. Ces prix ne peuvent servir que jusqu'à 12 mètres de portée ; au-delà, il y aura augmentation à cause de la plus grande main-d'œuvre et de l'emploi du métal, et où l'entrepreneur devra se renseigner aux données précédentes ; cependant, cette augmentation n'étant que proportionnelle, elle ne pourra arrêter l'attention que doit prendre l'entrepreneur à cet égard.

N° 66. — TABLE DES INCLINAISONS

ET DU POIDS PAR MÈTRE CARRÉ DE DIFFÉRENTES COUVERTURES.

NATURE DE LA COUVERTURE.	INCLINAISON du toit sur l'horizon.	POIDS du mètre carré de couvertures.
Tuiles plates à crochet.	45 degrés à 33	60 kilogr. à »
Tuiles creuses posées à sec	27 — à 21	75 — à 80
Id. maçonnerie	31 — à 27	136 — à »
Ardoises	45 — à 33	38 — à »
Cuivre en feuille	21 — à 18	14 — à »
Zinc N° 14.	21 — à 18	8 — à 50
Tôle galvanisée de 0,001 avec agrafes.	21 — à 18	9 — à »
Mastic bitumeux	21 — à 18	25 — à »
Tuiles Muller.	21 — à 18	38 — à »

N° 67. — PROJET DE HALLES OU MARCHÉ COUVERT.

De l'ensemble de ces résultats et de la recherche des formules pratiques pour les divers cas usuels ne présentant plus de difficultés, on pourra déterminer, par exemple, un Projet de Halles dans les dimensions données avec les valeurs connues pour l'ensemble des matériaux.

Ce projet, que j'ai dressé avec devis descriptif pour quatre pavillons semblables, et dont chaque pavillon contient 1120 mètres carrés superficiels, ou 56 mètres sur 20 de largeur, les dimensions sont reproduites à l'échelle de 0,005 par mètre.

Les compartiments intérieurs sont à part, et il n'y a d'autres fondations que les fouilles de la construction et qui s'élève pour chaque pavillon à 182 mètres cubes, dans lequel on a pour la maçonnerie 182 mètres cubes de moëllons, y compris l'emplacement des dés en pierre et 70 mètres cubes de briques.

On a pour la serrurerie, compris la peinture au minium et au gris foncé :

			Prix au kil.		Prix total.
Fonte pour colonnes creuses, chaîneaux et arceaux évidés.	— Fonte	54,000 k.	» fr.	35	18,980 fr.
8 fermes, 2 croupes, 4 arêtiers, 8 petits arbalétriers et 3 cours de pannes.	— Fer	16,200	»	80	12,960

LANTERNES.

13 fermes, 2 croupes, 4 arêtiers, 2 cours de pannes, 1 faîtage, 32 montants ou supports	— Fer.	6,072	1	»	6,072
144 montants intermédiaires en fonte garnis de crochets pour les garde-verres	— Fonte	1,069	»	70	748
176 chevrons à vitrage	— Fer	710	1	»	710
Façades composées de 30 châssis circulaires composés de montants en fonte pour garde-verres, et fixés avec vis dans les nervures des colonnes et sur les appuis. . .	En même fer et fonte	10,800	»	80	8,640
Couverture du grand comble en volige de 0,020, et zinc n° 14, 1,044 mètres carrés (1)					
Couverture du petit comble, vitrage en verre double, 350 mètres carrés.					
530 mètres superficiels de verre double brouillé pour les jalousies de la façade et de la lanterne.					
2 grilles de clôture composées d'arc-boutants et de 8 parties ouvrantes.	— Fer	4,320	»	90	3,888
3 paratonnerres de 5 mètres de longueur chacun. . . .					1,086
Extérieurement, 1,320 mèt. carrés d'asphalte et bitume.					
256 mètres linéaires de bordure en granit.					
292 mètres linéaires de gargouille en fonte	— Fonte	11,680	»	35	4,098
40 arbres (ormeaux).					
Intérieurement dallage et passage bitumé, compartiments des stalles en maçonnerie et en serrurerie suivant les dispositions.					

Construction en fer.—Poids total 104,851 k. — Prix moyen 0,45 — Prix total 47,181 fr. 95

Les trois autres semblables.

(1) On se renseignera sur le cours de chaque année pour les prix autres que ceux de la serrurerie, et qui sont consignés dans des tarifs spéciaux dans lesquels je ne puis entrer.

N° 68. — PONT TUBULAIRE EN TOLE A NERVURES.

Ce Pont est fixe, entre ces deux points d'appui ou culées, et d'une portée = 50 mètres, sa largeur est celle d'une route impériale ordinaire, dont il forme le prolongement, et qui est comprise à 14 mètres, dont 8 m. pour le passage des voitures et 3 mètres de chaque côté pour les piétons.

Sur lequel on aura à suivre le principe suivant sur les données de M. Prony pour le débouché ou la distance entre les culées, et qui se déterminent en multipliant le volume de l'eau affluente des grandes crues, et la pente par la vitesse du courant.

La vitesse du courant à la surface s'obtient au moyen de flotteurs jetés dans la partie régulière du courant la formule est

$$R\ I = AV + B\ V^2$$

dans lequel R représente le rapport entre la section et le périmètre mouillé; I pente par mètre ; A coëfficient d'expérience = 0,000024 ; B coëfficient = 0,00036 ; V la vitesse telle qu'elle ne puisse dégrader le fond.

Pour des vitesses à la surface comprises entre 0,10 et 4 mètres, elles sont consignées dans le tableau suivant :

Vitesse à la surface.	0 m. 100	0 m. 500	1 m. 000	1 m. 500	2 m. 000	3 m. 000	3 m. 500	4 m. 000
Coefficient	0 760	0 790	0 810	0 830	0 850	0 870	0 880	0 890
Vitesse moyenne .	0 076	0 395	0 810	1 213	1 700	2 610	3 080	3 560

Si donc D représente le volume d'eau, et S la section, on aura D = S V.

Le débouché d'un pont entre les culées exige aussi le profil en travers de la rivière avec l'indication de l'étiage et du niveau des plus grandes eaux.

Quant à ces formules, elles ne concernent que les ingénieurs spéciaux ou compétents, nous autres constructeurs nous n'avons qu'à nous préoccuper que d'une bonne construction suivant les dispositions et qui sont :

Lorsque les fondations des piles ou culées sont terminées, on dispose les cintres de la voûte dont la naissance est le raccordement avec le pied droit, et est formée ici par un arc de cercle dont la montée s'élève suivant la donnée à $\frac{1}{10}$ de l'ouverture = 5 mètres que l'on prend habituellement à $\frac{1}{8}$ quand il n'y a pas de surélévation.

On aura donc en sachant que les culées sont soumises à un effort de compression T pour la formule qui est donnée au n° 30

$$T = P \sqrt{1 + \frac{L^2}{4 f^2}} = T$$

Ce résultat peut également être vérifié par le parallélogramme donnant la même valeur.

En prenant la demi-charge totale uniformément répartie pour celui-ci, et la demi-charge des $\frac{5}{8}$ pour la formule, quoique l'un et l'autre soient égaux, on prendra le rapport de la formule.

Ainsi, si j'exprime la charge à 6000 kilog. par mètre courant, ou 427 kilog. par mètre carré, on aura 300,000 kilog., plus le poids de la construction, auquel on a fait un tâtonnement successif pour équilibrer le rapport de l'un et de l'autre, sur lequel on a pour celui-ci :

Six tubes de 0,50 cent. de diamètre, empattement de 0,125 mill., croisillons intérieurs en quatre parties de 0,375 chacune de largeur, assemblés avec des cornières de 0,080 de côtés sur 0,010 d'épaisseur. Les tubes sont en tôle de 0,009 mill. d'épaisseur, croisillons idem. pesant ensemble . . . . 134,936 kil.

Six poutres en tôle forme double T, de 0,30 de hauteur sur 0,15, épaisseur 0,009, cornières idem. 34,196

Jambes de forces calculées suivant le rapport de la charge, moins celle des tubes, diviser le produit par le nombre de fermes, c'est-à-dire $\frac{427436\text{k} - 134936\text{k}}{6}$ de diviser ensuite ce produit par le nombre de supports de chaque ferme qui est $\frac{1}{3}$ plein en fonte de 0,030 mill. évidée, et les deux autres évidées en zig-zag, formés de fer à double T, formant croix, et garnis d'un fer plat dans l'intervalle, on a pour le produit d'un tiers de ferme 16281 kil. divisés par 11 = 1480 kilog. Les formules n° 44 et 48 des colonnes pleines sont applicables pour ces supports en prenant pour ordonnée la plus grande hauteur, sur laquelle on a 0,075 mill. de diamètre; cherchez les fers assemblés produisant la surface de ce diamètre, on a pour le fer plat 0,120 sur 0,006 et de fer T simple 0,120 sur 0,008 × 2 comme il y en a deux. Poids d'ensemble 22,316

Croisillons suivant le plan, lesdits en fer à croix, même fer que les supports 24,000

165 solives en tôle forme double T, de 0,030 sur 0,20, épaisseur de 0,008, cornières idem de 0,080 26,000

Une frise courante en fonte de 0,50 de hauteur, de 0,015 mill. d'épaisseur, 50 mètres de chaque côté = 100 8,000

Un plancher en madrier chêne de 0,10 d'épaisseur 75,000

Macadam et bordure en granit 96,000

Garde-corps en fonte 100 mètres à 150 kilog. par mètre carré. 15,000

Total . . . . 427,436 kil.

On aura donc, pour la formule, la demi-charge des $\frac{5}{8}$ de la charge uniformément répartie, sur laquelle on a

$$\frac{427436\text{ k.} + 300000\text{ k.}}{8} \times 5 = \frac{454645\text{ k.}}{2} + 227,332\text{ kil., d'où l'on a}$$

$$T = 227,332\text{ k.} \times \sqrt{\frac{1 + \sqrt{2500} = 50 + 1 = 60}{\sqrt{100} \qquad\qquad 10}} = T = 136,399\text{ kil.}$$

Cette valeur totale divisée par le nombre de tubes, on a

$$\frac{136399\text{k}}{6} = 227,332\text{ kil.}$$

Appelant toujours R ou 6,000,000, on aura pour la surface de chacun

$$S = \frac{227332\text{ k.}}{6,000,000} = 0,037,888$$

On a pour le diamètre d'un tube 0,50 + empattements 0,125, croisillons intérieurs en quatre parties, de 0,375 chacune, plus de quatre cornières d'assemblage d'intérieur, lesdites en fer de 0,080 de côtés, épaisseur d'ensemble, 0,009 mill.

Ou à 4 m. 710 cent. de développé × 0,009 = s = 0,042,390, ou bien 0,042,390 mill. carré × 6 kil. = 254,340 k. dans une bonne condition, l'écartement des rivets est compris entre 0,10 et 0,12 d'axe en axe.

Les plaques octogonales des culées sont en fonte et pèsent 110 à 115 kilog. l'une; ces plaques sont encastrées dans la pierre de leurs épaisseurs seulement; quant au mamelon qui est en saillie, il est disposé pour recevoir l'enclavement de la ferme; ce mamelon est d'une longueur nécessaire pour recevoir plusieurs boulons pour maintenir le jeu de la pièce, les dimensions de chaque plaque ou sabot contiennent 1 m. superficiel calculé suivant la pression normale de la pièce au n° 54.

N° 69. — EFFETS DE LA DILATATION DANS LES PONTS EN FER ET EN FONTE.

Les effets de contraction et de dilatation produits par les changements journaliers de température sont encore une cause de fatigue considérable pour les ponts.

On conçoit, en effet, que quand un arc, maintenu par des culées ou des piles, qui ont été construites assez solidement pour être à peu près inflexibles et immobiles, éprouve un accroissement de longueur par dilatation, il se produit dans ses joints des séparations, des ouvertures; les joints inférieurs près des appuis s'ouvrent par suite d'une rotation qui se fait sur la partie supérieure de ces joints; à l'inverse, les joints supérieurs à la clé ou dans son voisinage s'ouvrent en dessus et se ferment en dessous, les effets inverses se produisent dans les contractions produites par les refroidissements ou par les flexions sous les charges.

Il résulte évidemment de ces mouvements que les pressions ne sont plus réparties normalement aux surfaces des joints, ni proportionnellement à l'étendue de ces surfaces, et c'est ce qui oblige les ingénieurs à rester au-dessous des limites de l'élasticité dans les calculs établis sur l'hypothèse d'un état moyen de coïncidence des joints (voir le n° 34).

C'est ordinairement vers le soir, avant le coucher du soleil, qu'a lieu le plus grand relèvement, et le matin avant le lever du soleil que l'on observe le plus grand abaissement.

Afin de se mettre à l'abri de cet inconvénient, les ingénieurs ont été conduits à adopter des dispositions telles que la dilatation puisse librement s'opérer, soit en disposant de distance en distance des moyens de compensation dans certains assemblages ; c'est ce qui a été observé dans la construction de ces tubes, en croisant les assemblages extérieurs avec les assemblages intérieurs, et en laissant un peu de jeu aux bouts de chaque pièce, et qui sont de 0,001 mill. entre chaque assemblage.

N° 70. — PRIX AU KILOGRAMME ET PAR MÈTRE COURANT.

Cette construction s'élevant à l'emploi de 266,836 kilogrammes pour le fer et la fonte, se fait ordinairement de 0,70 à 0,80 cent. le kilogramme, prix moyen d'ensemble, compris pose, et que l'on prendra ici en raison de la nouvelle disposition, offrant plus d'avantage, et les fers n'étant pas connus, à 0,90 cent., d'où l'on a

$$266{,}836 \text{ kilog.} \times 0{,}90 = 240{,}152 \text{ fr.}$$

Ou bien 4,807 fr. 70 c. le mètre courant, auquel on ajoutera la maçonnerie, les bois nécessaires pour le plancher et l'échafaudage, plus le macadam, le bitume, les bordures en granit et les conduites de gaz et d'eau, etc., qui ne sont pas relatées ici.

On voit par ces prix qu'il y a avantage dans ce mode de construction à la fois élégant et solide, et pouvant atteindre des portées de 120 et 150 mètres.

N° 71. — **Observations.** On pourrait également remplacer les tubes par des fermes en tôle en forme de double T, mais il y a à remarquer qu'il en faudrait davantage, et que chaque ferme à double T ayant autant de main-d'œuvre qu'un tube, plus les effets de vibration auxquelles elles sont assujetties demande à cet effet beaucoup plus de fer; dans les tubes, au contraire, elles donnent un résultat hors du calcul, ce qui assure une construction stable et à l'emploi rationnel du métal, on peut se donner une idée sur les tubes du détroit de Menay-Couway-Bridges, par M. Fairbain, une des constructions en fer les plus gigantesques de notre époque.

N° 72. — PONT-ROUTE A TABLIER MOBILE.

(Pont-levis, Planche 12.)

Ce Pont est formé pour desservir une rue aboutissant au chemin de fer, dont il en forme le prolongement, et est fixé en rapport du terrain, qui ne peut être élevé que de la hauteur de 1 m. 35 cent. au-dessus du niveau du canal, et dont il forme obstruction au passage des bateaux, auquel on obvie en rendant le tablier mobile sans intercepter le passage des piétons, et cela suivant les convenances locales strictement observées pour l'économie, dans lequel j'ai disposé, au lieu d'un pont tournant ou roulant, un pont-levis de forme suivant les Figures 1 et 2, Planche 12, qui est moins dispendieux et plus commode, attendu qu'il ne tourne à ses extrémités que sur des pivots à tourillons, et maintenu au milieu par des supports à fourchette faisant jonction avec le développement du centre, et à chaîne Vaucanson, montées sur des cylindres avec engrenages, etc., pour les montées.

On a donc comme précédemment pour le débouché ou la distance entre les culées, qui se détermine par la formule de M. Prony, auquel le constructeur ne doit nullement se préoccuper, attendu que cela ne concerne que les ingénieurs spéciaux ou compétents.

La portée égale à $^2L = 12$ mètres, sur lequel on a établi la maçonnerie en moëllons pour les fondations, en meulière pour les parements de la rivière, et en pierre de taille à l'affleurement du sol formant les assises et la chaussée, la hauteur F ou montée de la ferme étant limitée pour la descente d'un bateau vide à libre circulation $F = 4$ m. 35.

La largeur totale $^2C = 5$ mètres, dont 2,20 cent. pour le passage des voitures et 1 m. 40 de chaque côté pour les piétons, et en supposant ces derniers pour le calcul des supports, on aura pour la charge à supporter, pour la première, 60 mètres carrés $\times$ 280 kil. ou quatre personnes par mètre carré = 16,800 kil. pour la deuxième on a pour la montée, 51 mètres carrés $\times$ 280 kilogr. idem = 14,280 kil. formant ensemble $^2P = 31,080$ kilogr., sur lequel on a à faire comme précédemment pour ajouter le poids de la construction un tâtonnement successif pour trouver le rapport d'équilibre de chaque force moléculaire avec le rapport de la charge, auquel il faut, comme il a été dit, qu'il y ait égalité entre les moments des unes et des autres, de manière à ce qu'elles satisfassent bien toutes ces conditions. On aura donc pour celle-ci :

Quatre fermes de 0,50 de largeur, cornière de 0,040 mill. de côté sur 0,006, fer plat pour croisillons, de 0,050 sur 0,008 millièmes. . . . . 3,968 kil.

Trois traverses idem de 8 m. 50 chacune. . . . . 930 kil.

Quatre poutres de 6 m. 50 chacune, forme parabolique de 0,30 cent. au milieu, forme double T, nervures de 0,15 (cas des flexions) $I = 0,000,254,100$ = tôle de 0,006, cornière de 0,050 sur 0,007. 780 kil.

Vingt-six solives en fer simple T de 0,050/0,50 sur 0,010 armés d'une corde de tension en fer rond de 0,018 mill. garni d'une bielle à fourchette chacune (traction et compression) $T = \frac{16,800}{26}$. 1,170 kil.

Tabliers en bois de chêne, madriers de 0,060, fixées avec vis sur les solives. . . . . 4,200 kil.

Escaliers composés de quatre-vingt-quatre marches en bois de chêne de 0,040, fixées avec vis sur des supports et traverses en fer T de 35/35 mill., pesant ensemble :

Pour le fer. . . . . 1,800 kil.
Pour le bois, y compris les marches et le plancher supérieur. . . . . 6,700 kil. } 8,500 kil.

4 supports à fourchette, fer carré doublé pour la jonction (traction) $= \frac{16800}{4} = \frac{4200}{6} = S$ $= 0,000700$, d'où $\sqrt{0,000700}$ = pour chacun des supports deux fers carrés accouplés ayant une section de 0,020 mill. de côté pour chacun, les yeux ou rondelles seront renforcés d'un tiers pour le cisaillement (N° 58). . . . . 158 kil.

Machine nécessaire pour la montée ou levée du tablier, dans laquelle on a pour la chaîne Vaucanson en sachant qu'il n'y a que la demi-charge de la construction qui est 3225 kilog., d'où l'on a $\frac{3225}{4} = 806$ kilog., et pour le diamètre des rivets $\frac{806}{2} = 403$ dont le carré est de 0,0085, et pour les platines 0,015 sur 0,005 mill., calculées à 6 kilog. par millimètre. 400 kil.

58 mètres de garde-corps, hauteur 1 m. 06, lesdits en fer rond à œil roulé et entrelacé dans la main-courante idem, fer rond de 0,022 millimètres, fixés à pattes avec vis sur les marches d'une part et sur les poutres de l'autre ou bien ornements dans le sens de la figure mais alors en fer plat ce qui revient à peu près au même. . . . . 408 kil.

Couvertures 4 montants, 4 croupes, 4 arêtiers, 3 cours de pannes et couverture en tôle cannelée et à bordures découpées suivant la figure. . . . . 800 kil.

Total . . . . . . 21,806 kil.

La charge étant uniformément répartie, on aura, en prenant la demi-charge totale des $\frac{5}{8}$ produisant le même effort au milieu, sur lequel on a

$$^2P = 16800 \text{ k.} + 14280 \text{ k.} + 21306 \text{ k.} = \frac{52386 \text{ k.}}{8} \times 5 = 32740 \text{ k., d'où}$$

$$P \ \frac{32740 \text{ k.}}{2} = 16370 \text{ kil.}$$

$$y = 26000 \text{ k., d'où } S = \frac{26000}{6} = 0{,}004333 \text{ mill. carrés}$$

Cette surface étant la valeur de deux fermes, on aura $\frac{S}{2} = 0{,}002{,}166$ mill., sur laquelle on prendra les fermes de rives semblables, d'où l'on tire pour le rapport de la surface d'une ferme, en supposant les croisillons comme pleins, mais à une épaisseur égale au poids des croisillons = 0,005 millimètres,

$$\left.\begin{array}{l}\text{d'où l'on tire pour la tôle } \ 0{,}50 \times 0{,}005 = 0{,}000250 \\ \text{Cornières } \ 0{,}40 \times 2 \times 0{,}006 \times \ 4 = 0{,}001290\end{array}\right\} S = 0{,}002170 \text{ millim. carrés,}$$

$$\text{D'où } 0{,}002170 \times 6 \text{ kil.} = 13020 \text{ k.} \times 2 = Y = 26040 \text{ kil.}$$

Quant au diamètre des quatre tourillons et de leurs supports, assujettis au frottement et à l'usure, on déterminera le diamètre de ceux-ci comme s'ils étaient soumis aux efforts de torsion, c'est-à-dire par unité de surface pour le kilogramme, auxquelles on donnera aux supports une surface égale ; ainsi pour les diamètres on aura pour la plus grande charge 16800 + le poids du plancher 6150 = 22950, d'où l'on tire pour chacun

$$D = \frac{22950 \text{ k.}}{4} = 5737 \text{ d'où } \frac{5737}{\pi \text{ ou } 3{,}14} = R^2 \text{ d'où } R = \sqrt{0{,}001827} = 0{,}043 \times 2 = 0{,}086 \text{ mill. de diamètre.}$$

N° 73.— **Observation.** Je n'ai considéré jusqu'ici que les flexions produites par les charges, pour les cas où ces charges restent immobiles au point où elles sont placées, mais il n'est pas sans intérêt pour la stabilité des ponts, et surtout à ceux qui doivent servir au passage des trains de chemins de fer, marchant à grande vitesse d'examiner comment la vitesse du transport peut influer sur les flexions.

On comprend en effet facilement que quand un cylindre roule sur des poutres qui fléchissent sous la charge, la courbure du chemin parcouru par le solide donne lieu à un développement de force centrifuge dont l'action normale à la courbure concourt avec le poids de la charge à augmenter la flexion et peut même produire la rupture, on a pour la formule de la force centrifuge suivant M. Morin

$$\frac{M\ V^2}{R} = \frac{P}{g} \cdot \frac{V^2}{R}$$

formule dans laquelle M représente la masse du corps en mouvement, V sa vitesse dans le sens de la courbure, R le rayon de courbure de la courbe, G coefficient, que l'on détermine par la formule pour la pression au repos

$$R = \frac{EI}{PL}$$

On voit donc que, pour une même charge, l'effet de cette force ou l'accroissement de pression qu'elle peut produire, croît comme le carré de la vitesse, et en raison inverse du rayon de courbure, c'est-à-dire qu'il sera d'autant plus grand que la flexion elle-même sera plus considérable.

Mais d'une autre part, on voit aussi que si les proportions données à un solide sont telles que la flèche de courbure que produirait la charge au repos, soit nécessairement très-faible, comme j'ai suivi précédemment pour les poutres. Cette action de la force centrifuge ne pourra pas atteindre une grande intensité, et qu'alors aux limites usuelles de vitesse des trains de chemins de fer on pourra en faire abstraction.

Toutefois, il doit résulter au moins de ces expériences, que pour les ponts suspendus, les ponts de bateaux etc., sujets à éprouver des flexions, et par conséquent des courbures considérables, la prudence exige de n'y laisser passer les voitures qu'au pas, soit strictement observée.

N° 74. — PRIX AU KILOGRAMME ET PAR MÈTRE COURANT.

Cette construction s'élevant à l'emploi de 10,398 kilog. de fer, auquel il faut ajouter les 8 sabots en fonte des assises des fermes et tourillons avec leurs supports en fer forgé s'élevant ensemble à 11,598 k. fer et fonte au prix moyen de 1 fr. 30 cent., compris pose et peinture à une couche au minium = 15,077 fr. 40 cent., ou bien 14 mètres linéaires pris extérieurement × 1,077 fr. le mètre courant.

TABLE DES MATIÈRES.

PREMIÈRE PARTIE.

DEUXIÈME PARTIE.

Saint-Denis. — Typographie de A. Moulin.

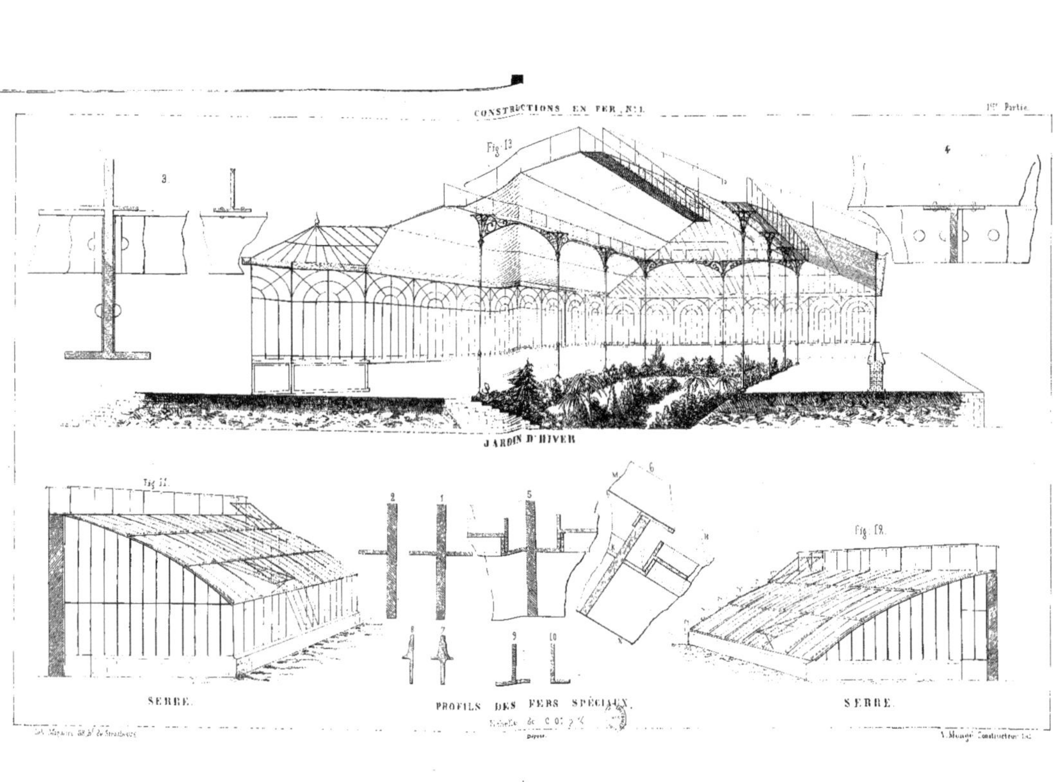

Fig. 13
3
4
JARDIN D'HIVER
Fig. 11
2
1
5
6
M
H
8
7
9
10
Fig. 12
SERRE.
PROFILS DES FERS SPÉCIAUX.
SERRE.

Déposé.
A. Mongé Constructeur Edr

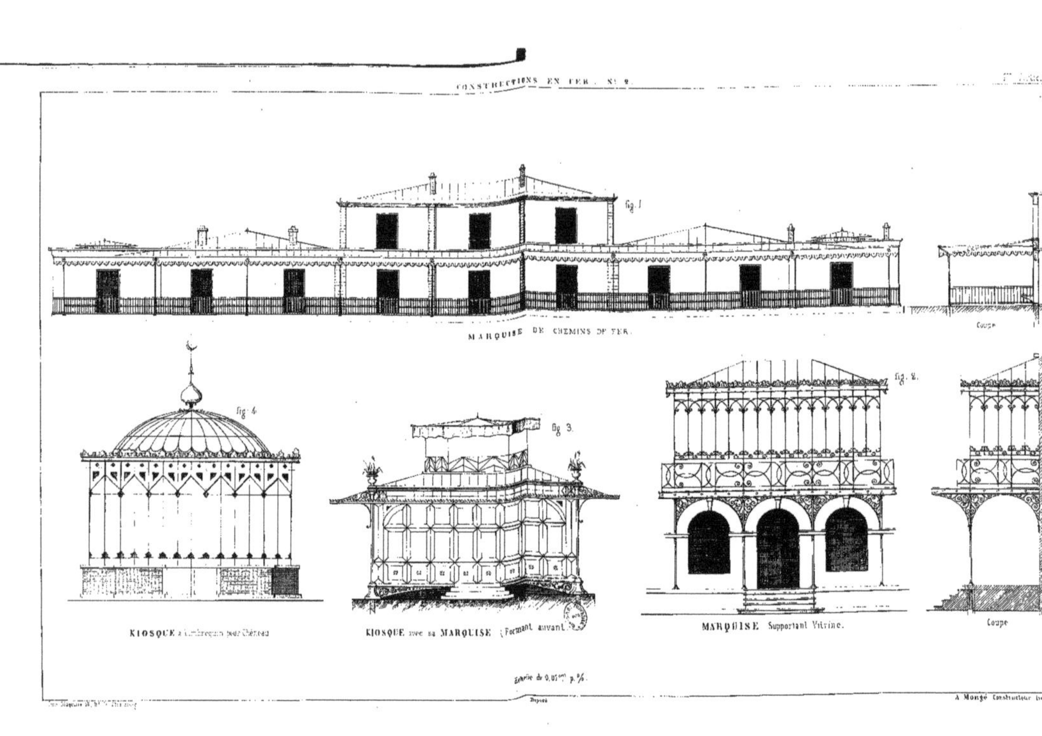
fig. 1
MARQUISE DE CHEMINS DE FER.
Coupe
fig. 4
fig. 3
fig. 2
KIOSQUE à Lambrequin pour Chéneau
KIOSQUE avec sa MARQUISE (Formant auvent)
MARQUISE Supportant Vitrine.
Coupe
Echelle de 0,01 p. %.
Déposé
A. Mongé Constructeur

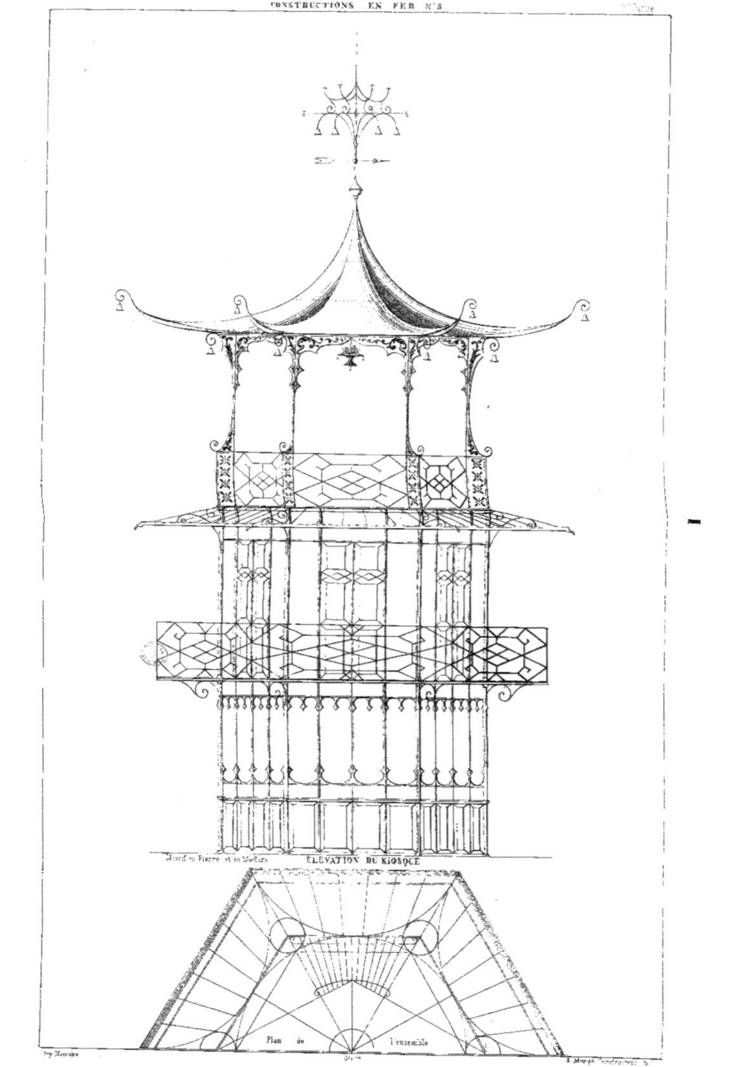
ÉLEVATION DU KIOSQUE
Plan de l'ensemble

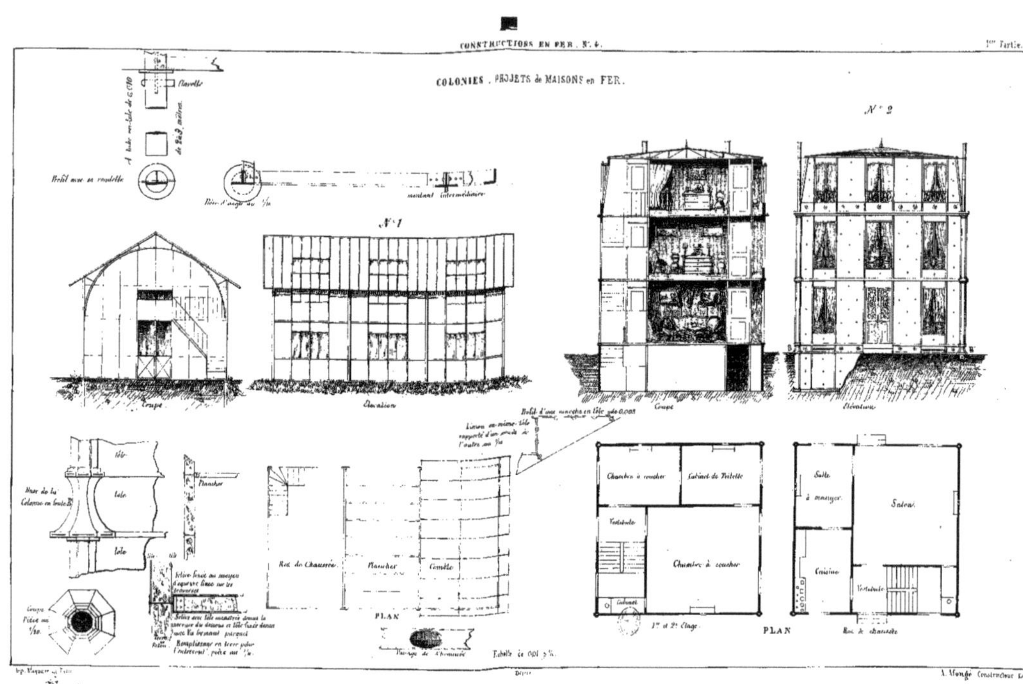
CONSTRUCTIONS EN FER. N° 4.
1re Partie.
COLONIES. PROJETS de MAISONS en FER.
N° 1
N° 2
Profil avec sa rondelle
Clavette
montant intermédiaire
Coupe
Élévation
Coupe
Élévation
Planche
Rez de Chaussée.
Plancher
Comble
PLAN
Échelle de 0,01 p %.
Chambre à coucher
Cabinet de Toilette
Vestibule
Chambre à coucher
Cabinet
1er et 2e Étage
PLAN
Salle à manger.
Salon
Cuisine
Vestibule
Rez de chaussée
A. Mongé Constructeur Ed.

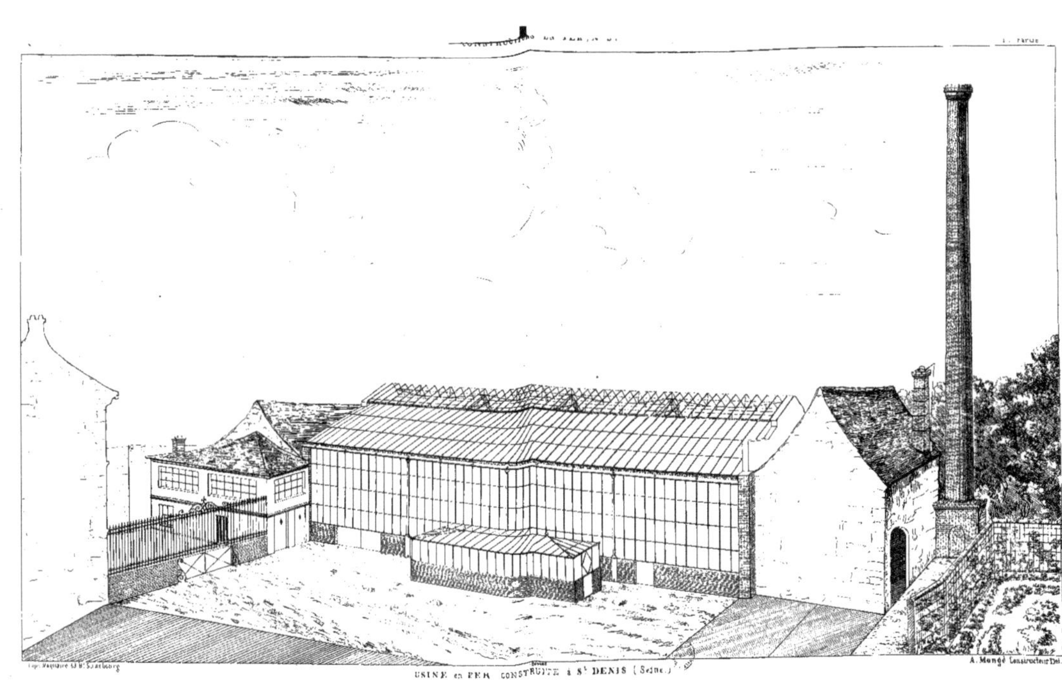

USINE en FER CONSTRUITE à St DENIS (Seine.)

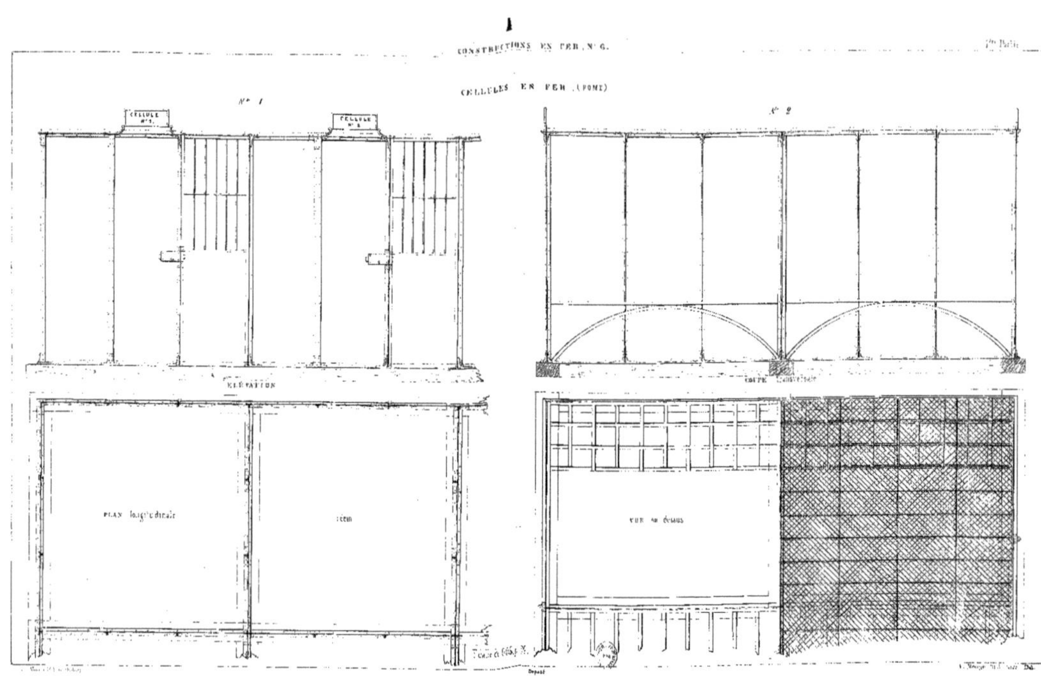
CONSTRUCTIONS EN FER, N° 6.
CELLULES EN FER
N° 1
N° 2
ÉLÉVATION
PLAN longitudinale
Idem
VUE en dessus
COUPE transversale

CHARPENTES EN FER

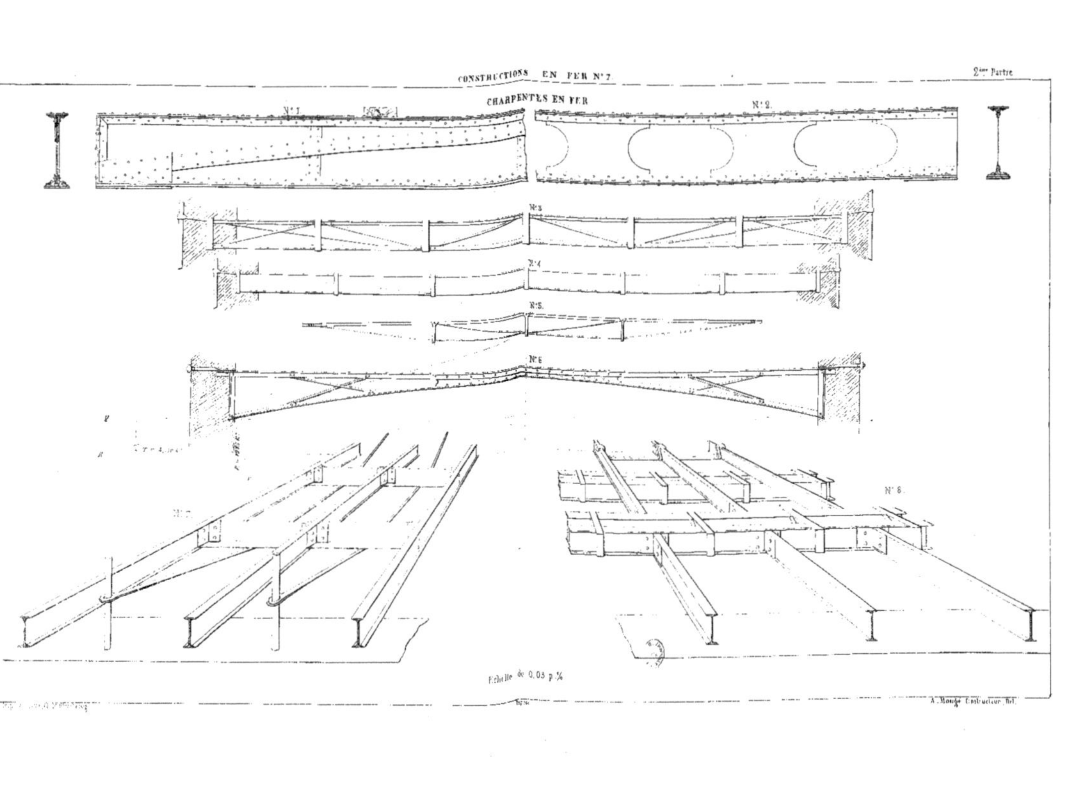

Echelle de 0,03 p. %

A. Mougé Constructeur, Del.

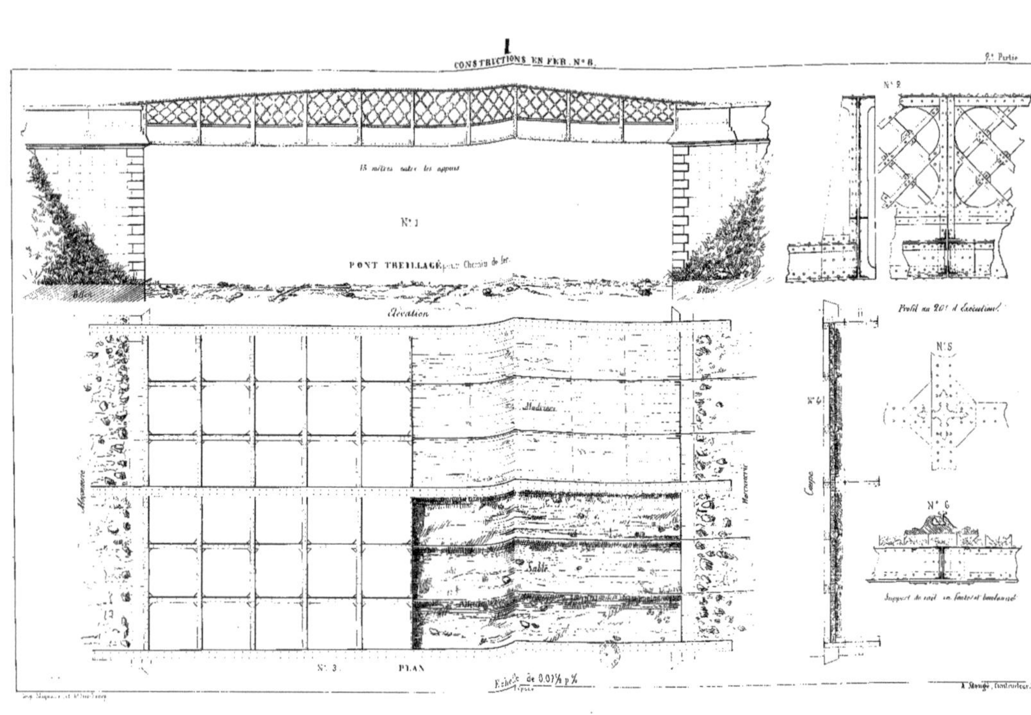
CONSTRUCTIONS EN FER. N° 8.
9.e Partie
15 mètres entre les appuis
N° 1
PONT TREILLAGÉ pour Chemin de fer.
Béton
Béton
Élévation
N° 2
Profil au 20e d'Exécution.
Madriers
Sable
N° 3.
PLAN
N° 4
Coupe
N° 5
N° 6
Support de rail en fonte et boulonné
Échelle de 0.01½ p %
A. Monge, Constructeur. Del.

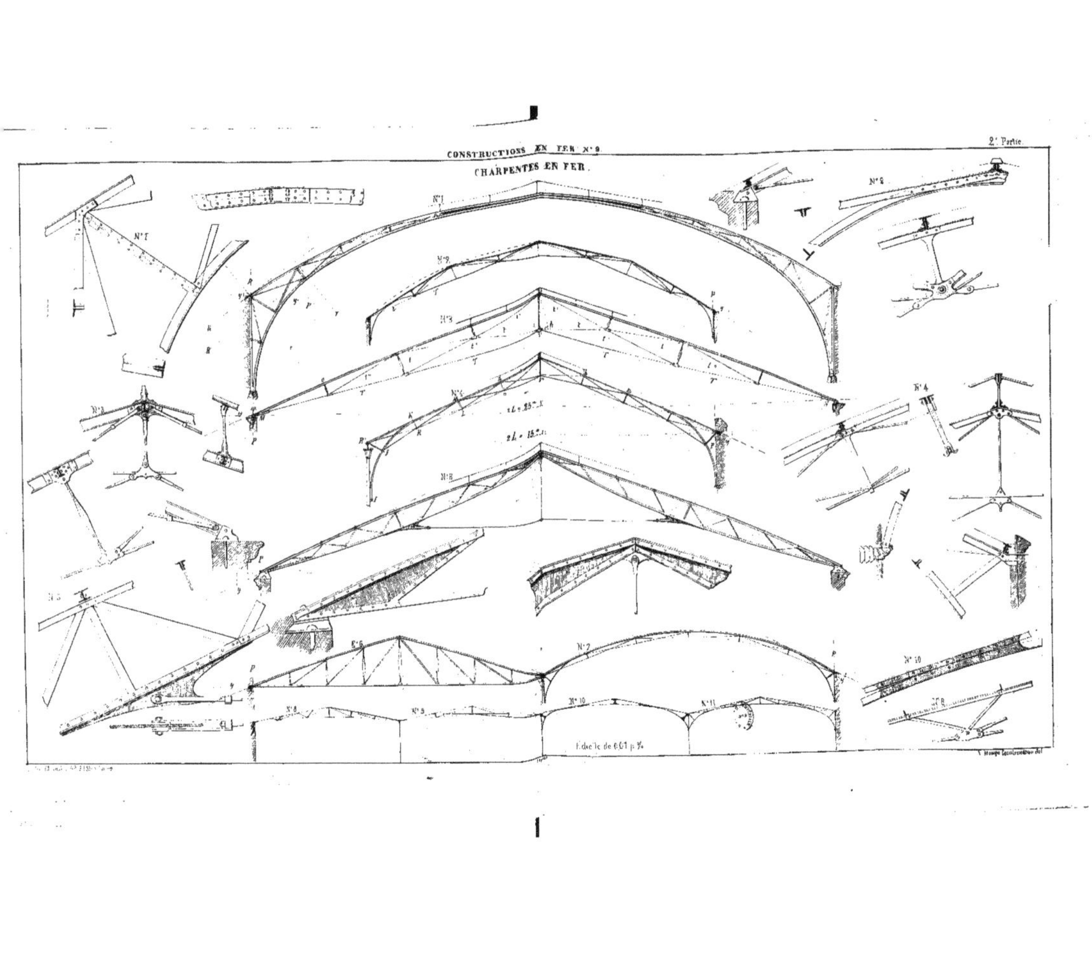
CONSTRUCTIONS EN FER N° 9.
CHARPENTES EN FER.
2e Partie.
N° 1
N° 2
N° 3
N° 4
N° 5
N° 6
N° 7
N° 8
N° 9
N° 10
N° 11
Échelle de 0.01 p %

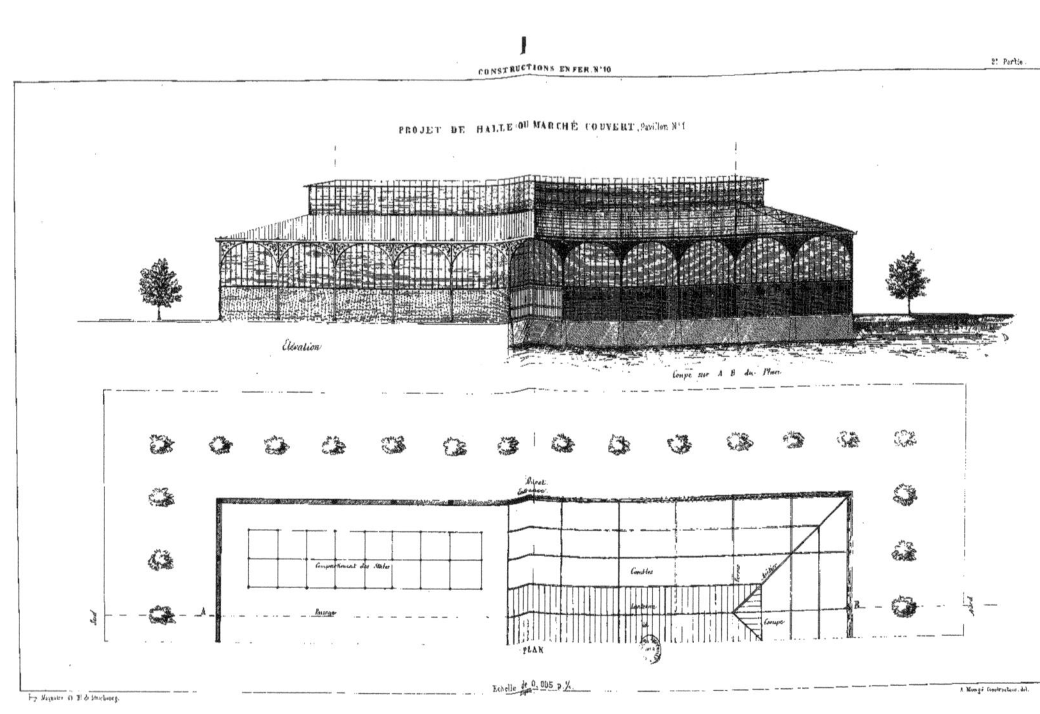
CONSTRUCTIONS EN FER. N°10
2e Partie.
PROJET DE HALLE OU MARCHÉ COUVERT, Pavillon N°1
Élévation
Coupe sur A B du Plan
Compartiment des Stalles
Combles
Passage
Lanterne
Coupe
A
B
PLAN
Echelle de 0,005 p. %.

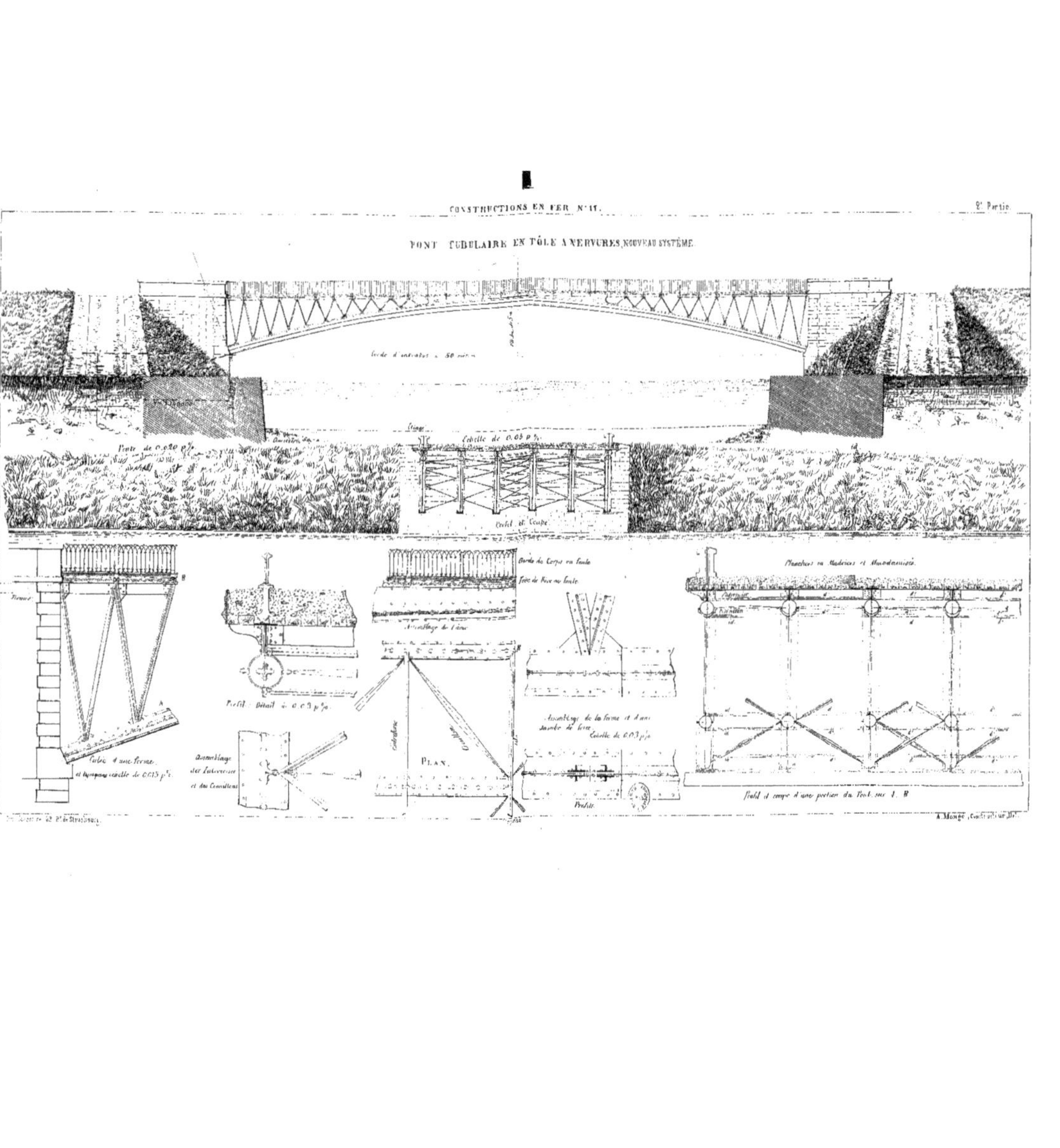
CONSTRUCTIONS EN FER N°17.
2e Partie
PONT TUBULAIRE EN TÔLE A NERVURES, NOUVEAU SYSTÈME.
Échelle de 0.03 p%.
Profil et Coupe
Garde de Corps en fonte
Frise de Rive en fonte
Profil. Détail à 0.03 p%.
PLAN.
Échelle de 0.03 p%.
Profils
Planchers en Madriers et Macadamisés.
Profil et coupe d'une portion du Pont, sur A. B
A. Monge, Constructeur

CANAL St DENIS.

Projet d'un Pont-route à Tablier mobile.

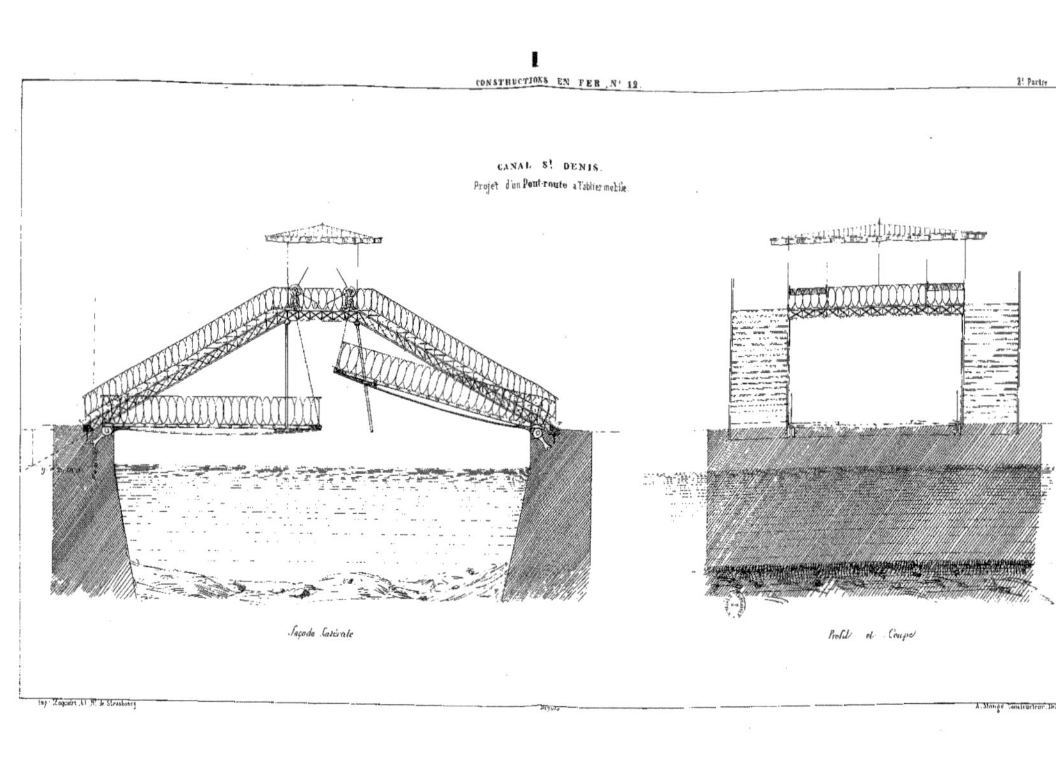

Façade Latérale

Profil et Coupe

Imp. Lemercier, 61 Bd de Strasbourg
Déposé
A. Monge Constructeur. Del.

www.ingramcontent.com/pod-product-compliance
Ingram Content Group UK Ltd.
Pitfield, Milton Keynes, MK11 3LW, UK
UKHW012243240726
13966UKWH00003B/1254